내 몸 살리는
자 · 연 · 식 · 밥 · 상

# 일 년 열두 달 미루마을을 오가며…

도시 생활을 정리하고 충청북도 괴산으로 내려가 둥지를 틀겠다는 문성희 선생님의 새로운 삶을 시작으로 우리는 장기계획을 세웠습니다. 일 년 열두 달 변하는 햇빛, 바람, 대지의 기운을 담아 거기서 생산되는 먹을거리로 자연밥상을 차리자는 거였지요.

사계절의 변화를 담기 위해 우리는 지난 일 년 열두 달을 꼬박 촬영을 다녔습니다. 문성희 선생님은 그때그때 한창인 채소와 열매를 거두어 매달 자연 맛이 살아있는 밥상을 차려주었고요.

이른 봄, 언 땅 비집고 올라온 봄동, 냉이, 시금치를 캐어 바로바로 버무리고 무치고 끓여 건강밥상을 차리고, 하늘빛 고운 봄날에는 산과 들을 다니며 지천에 널린 산취, 원추리, 쑥과 달래, 쑥부쟁이, 돌나물, 보리순, 방풍나물을 거두어 초록 내음 물씬 나는 향긋한 봄상을 차렸습니다. 가만히 있어도 목덜미에 송글송글 땀이 맺히는 한여름에는 텃밭에서 따온 채소와 열매로 시원한 여름밥상을 차리고, 발효액도 만들고 장아찌도 담갔습니다. 천지가 노랗게 물든 가을 들녘에서 캐고 딴 풍성한 먹을거리로는 추석 상차림도 하고 영양밥상도 차렸습니다. 곡물이나 채소를 볕 좋은 곳에 잘 말려두었다가 주식으로, 반찬거리로 쓰는 것도 도시에서 쉽게 볼 수 없는 풍경이었지요.

가을이 훌쩍 지나고 김장철이 다가오자 미루마을 사람들의 축제가 벌어지고 이집 저집에서 몰려 와 김장을
담그던 그 잔치는 한바탕 풍물놀이였습니다. 눈이 소복이 쌓인 겨울, 마음까지 덥혀 주던 따끈한 국밥과
영양식 또한 잊지 못할 추억으로 갈무리 되었네요.
뿌리째, 껍질째, 씨앗째 재료를 그대로 사용하는 문 선생님만의 조리법도 지금까지 알고 있던 음식 만들기와는
차원이 다른 건강음식, 알뜰음식이었어요. 손질이 쉽고, 버리는 양도 적으니 쓰레기 문제 해결되지, 영양
듬뿍 들어 있는 음식이니 약이 되고 피가 되는 건강음식이 되는 거죠. 선생님 음식을 먹는 날은 보약을 먹은
듯 기운이 불끈불끈 솟았으니까요. 또 매력적인 것은 선생님 음식은 쉽게 만들 수 있다는 거예요. 선생님이
개발한 양념 두어 가지로 순식간에 만들어 내는 음식들은 우리의 혀를 즐겁게 하고 반하게 했습니다.
몸에 좋은 약재로 우린 약초맛물과 직접 만든 발효액은 음식 맛을 돋보이게 하는 보물 재료였고, 직접 담근
집된장, 집간장과 구운소금, 생들깨, 생들기름이 선생님의 비법 양념들이었어요. 재료 계량도 '수북이, 한 줌'
하면서 마치 우리 엄마들이 해왔던 것처럼 그렇게 척척 만드는데 맛은 왜 그렇게 좋은지 엄마 생각이 절로
나는 밥상이었습니다. 자연을 벗 삼아 자연으로 살림하는 문 선생님의 괴산이야기도 한편의 시요, 에세이죠.
문 선생님은 항상 이렇게 말씀을 하십니다. '내가 먹는 것이 곧 나'라고. 내가 먹는 음식이 내 삶과 건강에
얼마나 큰 영향을 미치는지 문성희 선생님의 자연식 밥상을 가까이 두면 곧 알게 되실 겁니다.
우리의 일 년에 걸친 작업이 독자들에게 약이 되고 몸도 살리는 건강의 주춧돌이 되었으면 합니다.

내 몸 살리고 자연과 하나되는 음식

# 생명력 담은 자연밥상

괴산에서 살기로 한 어느 늦가을 '사계절을 다 담은 자연식 밥상' 책을 내자는 출판사의 전화를 받았을 때
"아! 이 일을 해야 하는구나"라는 생각과 함께 생애의 지나간 필름들이 잠시 재생되어 내 앞에 펼쳐졌다.
겨우 글자를 익힐 무렵부터 책을 안겨 주신 아버지의 기억은 〈월간 학원〉, 〈소년 경향〉, 〈가톨릭 소년〉으로
이어진다. 아버지의 손에는 잉크 냄새가 번지는 두툼한 신문지(우리나라에서 나오는 모든 신문사의)가 늘 들려
있었고, 사상계라는 잡지가 우리 집 서가에 쌓여가는 걸 보면서 자랐다.
그 후 세월이 많이 지나고 내가 서른 살쯤 되었을 때, 주부생활이나 여원 같은 여성잡지에 요리화보를
담당했고 이십여 년의 세월이 흐르는 동안 '이 음식들이 생명을 살리고, 자연과 하나되는 음식이
아니잖아'라는 회의와 '소박하고 자유롭게 자급자족하는 삶이 최고'라는 생각이 들어서 문화적인 삶을 뒤로
하고 숲으로 둘러싸인 오두막살림을 살기 시작했다.

부산의 상수원 중의 하나인 커다란 임기 저수지를 넘어
계곡 깊은 산곡에서 등 굽은 노인 세 가족과 함께 살았던
삶은 데이빗 소로우의 호수 '월든'의 삶을 훔쳐보고 흉내
내는 삶의 서두였다. 이곳에서 지게 메고 땔감 구하는
법도 배우고, 손바닥만한 땅을 일구어서 온갖
채소를 심고 키우는 법을 배웠으며, 산나물의
향기를 제대로 알게 되었다. 코앞에 펼쳐진 산자락과
계곡에 떨어지는 물소리, 산새소리, 벌레소리에 도취되고,
내 집 장독대에서 뱀의 아가리에 반쯤 몸이 삼켜진 개구리를
보고도 놀라지 않으며, 가운데 손가락보다도 더 긴 지네가 어두운 안방에 쉬익 쉬 기어가는 소리를 듣고
잠에서 깨어도 망치로 난도질하기도 했다. 황토를 이개어서 붙인 창고 담벼락에는 뱀의 허물이
대롱대롱 매달리고, 말벌이 뚫은 숭숭 난 구멍으로 바람이 드나드는 황토방은 장마철 동안
곰팡이와 전쟁을 치루는 것만 빼고는 쾌적하고 편안한 안식처였다. 이곳에서 햇볕에 말린 곡식,
채소, 열매, 야생초를 가루 내어 먹고 사는 동안 "요리를 왜 해야 하는데?" 라며 자연요리 강좌를 해달라고
할 때마다 손사래를 쳤다. 그렇게 행복하고 부족함이 없던 삶을 계속 할 수 없었던 것은 어린 딸아이가 겪는
문명적 혼란과 자연에 매몰되어서 더불어 살아가는 태도를 잃어버리지나 않을까 하는 염려 때문이었다.
다시 시작된 괴산의 삶은 가장 소박하고 가장 생태적이고 가장 맛이 살아있는 그리고 생명력
있는 밥상을 나누라고 주어진 것 같다.

일 년에 걸친 과정을 거치며 비로소 이 책을 마무리하게 된 데에는 괴산 미루마을까지 매달 내려온 촬영팀의
헌신적인 노력과 푸드스타일리스트들의 정성, 릴레이하면서 이어진 편집팀의 집중력, 그리고 경린과 소연
두 명의 그림자 같은 서포터가 없인 열두 달 사계절 '살림음식'을 세상에 내 놓을 수 없었으리라.
이 모든 것이 오랜 역사와 연륜의 굵고 깊은 뿌리를 가진 출판사 '학원사'에서 뒷받침해 주었기에 가능한
일이었다. 함께 하신 이분들께 두 손 모아 감사드리며, 이 책이 출간되기까지 성원을 보내주신 엄국장님,
시작을 함께 했던 권윤정 팀장, 끝까지 마무리하느라고 애쓴 이한영 차장, 살림음식연구원들, 나의 남편과 딸,
그리고 애독자 여러분들께 머리 숙여 감사드린다.
옴 샨티!!

contents

002 편집자의 글 일 년 열두 달 미루마을을 오가며…
004 prologue 내 몸 살리고 자연과 하나되는 음식 생명력 담은 자연밥상
010 문성희의 살림음식 이야기
012 자연밥상은 이렇게 차린다
016 몸에 좋은 재료들, 넉넉할 때 말리고 저장한다
018 자연과 벗한 부엌살림 이야기
020 좋은 식재료, 텃밭 가꾸어 얻는다
022 음식 맛 살려주는 기본양념들

살림음식으로 차린
1월 밥상

살림음식으로 차린
2월 밥상

살림음식으로 차린
3월 밥상

024 자연밥상이 내 몸을 살린다
　　살림음식 조리법, 자연에서 꺼내다
026 '자연식을 한다'는 것
028 정갈한 자연의 맛으로
　　새해맞이 밥상
　　029 오방밥
　　031 무은행밤찜
　　032 느타리버섯무국·아침죽
　　033 무국으로 끓인 떡국·오색떡볶이
　　034 두부구이·버섯구이·
　　　　차수수가루무지짐·메밀가루배춧잎지짐
　　035 삼색나물·유자청드레싱 참마어린잎생채
036 자연식 다과상차림
　　037 오곡부꾸미·오곡호떡·들빛차·배숙
038 문성희의 생활 단상
　　덜 버리고 덜 쓰며 자연과 벗하는 멋

040 내가 먹는 것이 나를 만든다
　　미루마을에서 사는 이야기
042 장 담그는 아낙들의 손길
　　044 메주 고르기 / 장 담그기
045 맛이 든 된장으로 차린 밥상
　　046 약초맛물 만들기
　　047 된장오미자소스 과일채소비빔밥
　　048 순무버섯다시마된장찜
　　049 감자된장부침·상수리묵된장샐러드
　　050 맑은된장찌개
　　051 시금치된장국·모둠채소현미쌈밥
052 대보름밥과 묵나물
　　053 산나물 다섯 가지·약밥·
　　　　대보름밥·말린가지무침·
　　　　말린애호박무침·무말랭이무침
054 문성희의 생활 단상
　　바느질하며 생각 덜기

056 내가 먹는 것과 나는 하나입니다
　　대지의 에너지를 품은 생명의 먹을거리
058 언 땅에서 처음 나는 봄나물의 계절
060 섬초와 미나리, 냉이로 차린
　　향긋한 밥상
　　061 미나리양념현미밥·냉이콩가루찜무침
　　062 시금치자물전·냉이전
　　063 시금치나물 세 가지·
　　　　시금치토마토버섯잡채
064 봄동으로 차린 건강한 밥상
　　065 봄동목이버섯밥·봄동호두죽
　　066 봄동된장소스샐러드·봄동무침
　　067 봄동콩가루된장국·봄동목들깨샐러드
068 봄나물 국수상
　　069 약초맛물냉이온국수·약초맛물봄동우동
070 문성희의 생활 단상
　　마을의 축제날, 정월대보름 놀이

살림음식으로 차린
# 4월 밥상

살림음식으로 차린
# 5월 밥상

살림음식으로 차린
# 6월 밥상

072 자연이 만든 에너지를 상에 올린다
　　생명이 지닌 온갖 색들이 산과 들을 채우는 계절
074 봄 들판과 숲에는 약이 되는
　　나물이 지천이다
077 약이 되는 쑥 밥상
　　078 쑥콩가루된장국·쑥전
　　079 쑥구기자밥 080 쑥굴레 081 쑥버무리
082 몸과 마음을 가볍게 하는 나물밥상
　　084 산취밥·보리순들깨된장국
　　085 산취버섯초고추장잡채·
　　돌나물보리순겉절이
　　086 원추리버섯산적
　　087 원추리고추장무침·보리순된장나물·
　　방풍나물
　　088 유채보리순강된장비빔밥
　　089 봄나물샤브샤브
090 묵은지 별미상
　　091 묵은지콩나물국밥·묵은지라면전골·
　　약초맛물 만들기
092 문성희의 생활 단상
　　푸드 마일리지는 짧을수록 좋아…

094 내 손으로 내 밥상에 오를
　　먹을거리를 가꾼다
　　씨앗 품을 밭을 마련했다
096 엿기름 삭혀 고추장 담그고
　　장 가르고…
098 맛이 든 고추장으로 차린 밥상
　　099 나물고추장비빔밥·
　　채소고추장비빔국수·
　　애호박고추장떡·오곡가루 고추장 담그기
100 어버이날에 올리는 진지상
　　102 버섯견과보양전골
　　103 더덕버섯탕수
　　104 단호박밤밥
　　105 찰수수부꾸미·오미자화채
106 어린이 초대상
　　107 삼색꼬마김밥· 고구마두유샐러드·
　　떡꼬치구이·옥수수당근조림 두부스테이크
108 문성희의 생활 단상
　　껍질째, 뿌리째, 씨앗째 먹어야 약

110 온갖 산나물과 들나물로
　　밥상을 채운다
　　산의 기운을 품은 산나물을 캐다
112 산나물 말려 발효액 만들고
　　장아찌 담기
　　113 산야초발효액 & 오미자발효액 만들기
　　115 아카시아발효액 만들기
116 햇 장아찌와 묵은 장아찌가
　　어우러진 초여름밥상
　　117 버섯고추장장아찌
　　118 돌미나리고추장장아찌·모둠산나물된장
　　장아찌· 모둠산나물고추장장아찌
　　119 산나물보리밥쌈·모둠산나물간장장아찌
120 간단하고 소박해서 여유로운 밥상
　　121 양배추머위잎쌈밥
　　122 가지꽈리고추애호박찜 123 호박찜
124 면 요리 세트 메뉴
　　125 오미자발효액비빔국수·장소스냉국수·
　　약초맛물온국수
126 문성희의 생활 단상
　　소풍가는 날

**허브특집**

자연식에 꽃과 잎을 올리다 **허브밥상**

168 '한국의 타샤'라 불러도 좋을 허브농장 부부의 집에서 여름방학식을 하다

170 허브 꽃과 잎을 곁들인 한 접시 음식

174 다이어트와 예뻐지기에 좋은 허브밥

178 오감 만족, 허브국수와 파스타

182 허브농장 안주인이 우려낸 그윽한 향차

184 herb memo 빛과 향 고운 허브들

살림음식으로 차린
## 7월 밥상

살림음식으로 차린
## 8월 밥상

살림음식으로 차린
## 9월 밥상

128 자연을 내 것처럼 품고 살다
　텃밭에서 거둔 채소와 열매로 차린
　아침밥상

130 여름채소로 피클 담가 먹고,
　저장도 하고…
　131 오이고추피클·풋고추피클·오이가지피클

132 여름농부의 건강을 지켜주는
　가지오이밥상
　133 가지지·가지장김치
　134 가지냉국·가지무침
　135 오이미역냉국·오이미역무침
　136 오이지·깻잎순오이무침
　137 오이소박이

138 끝물 가지와 고추로 차린 별미밥상
　139 깻잎순가지나물밥·깻잎순토마토된장냉국
　140 고추우엉냉잡채·가지치즈구이
　141 고추가지카레볶음

142 깻잎순 반찬
　143 깻잎순겉절이·깻잎순나물무침·
　깻잎순메밀전병

144 문성희의 생활 단상
　모시 잘라 감자풀로 붙인 창문

146 손수 만든 장독대와 텃밭,
　마음까지 넉넉해지다
　하루하루 풍요로워지는 미루마을의 여름풍경

148 텃밭에 먹을거리가 풍성해서
　입이 함박만 해져

150 촌집 마루에 펼쳐진 여름밥상
　151 생채소와 토마토반찬
　152 애호박된장찌개·열무김치고추장보리밥
　153 열무물김치

154 매실로 여름철 건강을 지킨다
　155 매실발효액
　156 매실설탕절임·매실간장절임
　157 우메보시

158 밭에서 캐낸 하지 감자밥상
　159 감자막장찌개·감자잡곡밥
　160 감자채구이·감자채소샐러드
　161 감자토마토샌드위치·찐 감자

162 복분자·보리수로 만든 여름간식
　163 복분자잼팥빙수·오디슬러시·
　감자메밀팬케이크
　165 보리수퓌레·복분자잼

166 문성희의 생활 단상
　어린 시절, 여름날의 추억

186 미루마을에 찾아온 가을
　무르익어가는 열매,
　넘실대는 코스모스에 미소 가득

188 가을 햇살과 바람을 품어
　풍요로움이 담뿍 담겼네

190 풍석 서유구 선생식으로 차린
　추석 상차림
　192 차조송편 193 밤대추잡곡밥
　194 토란표고버섯국 195 무버섯두부찜
　196 생강전·셀러리전·아스파라거스적·
　새송이버섯구이
　197 오이국화잎무침·검은콩미역생강조림

198 가을바람 선들할 때,
　따뜻한 손님맞이 전골상
　200 채소전골 201 양배추메밀전병
　202 호박새송이버섯꼬치구이

203 수정과와 차조설기떡으로 차린
　다과상
　204 수정과 205 차조설기떡

206 초가을 간식거리
　207 호박수프·늙은호박전

208 문성희의 생활 단상
　햇살 가득 안은 곡물을 말리며

**김장특집**

자연의 맛으로 버무린 **김장김치**

246 통배추김치

247 알타리무김치

248 갓김치

249 동치미

250 장김치

251 백김치

252 문성희의 김장 비법 약초맛물, 갓, 생강으로 맛을 낸다

# 살림음식으로 차린 10월 밥상

# 살림음식으로 차린 11월 밥상

# 살림음식으로 차린 12월 밥상

210 가을비 오는 날, 수채화 같은 마을
　　가을 끝자락에 돋아난 푸성귀 새싹들을 만나다

212 10월의 살림살이,
　　겨울을 준비하며…

214 햇곡식, 햇과일로 차린 가을밥상

　　216 우엉고추채튀김·고구마꽃물튀김

　　217 연근토란조림

　　218 송이버섯오방밥·송이버섯미역국

　　219 버섯호두잡채

220 말린 채소로 만든
　　나물반찬과 조림반찬

　　221 우엉고추조림

　　222 호박고지찜·토란줄기들깨나물

　　223 가지고지무침·말린표고버섯장조림

224 햇과일 샐러드와 드레싱

　　225 햇과일샐러드·과일드레싱 다섯 가지

　　포도드레싱 / 귤드레싱 / 홍시드레싱 /
　　배드레싱 / 석류드레싱

226 문성희의 생활 단상
　　나무판과 옷감에 글쓰기

228 살얼음 낀 대지에서
　　마지막 수확을 하다
　　빈 들녘에 남은 배추, 무, 갓을 거두며

230 김장하는 날

232 추 겨울, 몸을 따뜻하게 데워주는
　　영양밥상

　　234 고구마양송이버섯볶음

　　235 두부조림

　　236 두부추어탕·모둠버섯배추볶음

　　237 콜라비고추장조림

238 맛, 영양 듬뿍한
　　뿌리채소로 차린 밥상

　　239 무연근밥

　　240 무나물 세 가지·도라지고구마조림

　　241 연근브로콜리볶음·우엉간장조림·
　　우엉고추장조림

242 메밀수제비호두보쌈과 콩물국밥

　　243 묵은지김치찜·콩물국밥·
　　메밀수제비호두보쌈

244 문성희의 생활 단상
　　마을부녀회 김장하는 날

254 겨우내 먹을거리 넉넉하니
　　촌살림이 부자네
　　자연에 몸과 마음을 맡기고 산다는 것

256 자연은 신뢰하는 만큼 큰 혜택을
　　안겨 줍니다

258 송년모임을 위한 자연식 상차림

　　260 두부묵과일구이

　　261 통밀카나페샌드위치·사과어린잎샐러드

　　262 시금치볶음국수

　　263 귀리잣수프·약과·오미자리큐르

264 추위를 이기는 뜨거운 국밥밥상

　　265 채소육개장

　　266 콩나물김치국밥·무청국밥

　　267 감자브로콜리조림·메주콩조림

268 동지팥죽과 오방죽

　　269 동지팥죽·단팥죽·통밀팥찐빵·
　　오방죽 흰죽 / 흑미죽 / 대추죽 / 귀리죽 / 녹두죽

270 문성희의 생활 단상
　　책을 마무리하며

몸과 마음 살리는 자연밥상
'내가 먹는 것이 곧 나다'

어머니가 1976년 부산에서 부산요리학원을 열었어요. 1남 4녀 중 맏딸이었기에 나는 내 꿈과는 무관하게
어머니 일을 도와야 했지요. 그리고 이후 30년 넘도록 요리사 일을 손에서 놓지 못한 채 살았습니다.
그 시절에는 〈주부생활〉을 비롯하여 몇 안 되는 여성잡지에 요리화보를 담당하는 요리선생이 전국을 통틀어
손가락에 꼽을 정도였고 더구나 젊은 요리선생은 전무했던 시절이었지요. 푸드스타일리스트 같은 전문직은
개념조차 없었을 때고요. 그랬기에 변방이랄 수 있는 부산에 있는 나도 서울의 쟁쟁한 잡지요리를 담당할 수
있었어요. 그러나 그런 가운데도 나의 내면 깊은 곳에서는 뭔가 잘 맞지 않는 옷을 입고 사는 것 같은 느낌이
늘 있었어요. 급박하게 돌아가는 문명과 문화의 톱니바퀴 사이에 끼인 채 나와는 무관하게 돌아가는 세상의
흐름이 못내 낯설었다고나 할까요. 결국 나는 1998년 요리학원을 그만두고 산곡마을로 들어가
자급자족하는 삶을 살았어요. 손수 푸성귀를 키우고, 곡식과 채소를 햇볕에 말려서 먹고
손수 짓는 옷과 이부자리로 삶을 채워 가기 시작했습니다. 이런 삶이 익어갈 무렵 '내가 느끼는
자유와 행복감이 진정한 내 것인가?' 라는 새로운 의문이 솟아났어요. '자연이든 관계든 물질이든 그것이
있어서 행복하다면 그것이 사라질 때 나는 어디에 있을 것인가?' 라는 물음이었지요. 결국 나는 다시 사람들
속으로 왔고, 원하는 사람들에게 내 삶의 방식을 전하고 또 나누고 있습니다. 요즘 나는 영혼을 가볍고
자유롭게 하기 위해 '무엇을 어떻게 먹고, 어떤 방식으로 살아야 하는지'를 깊이 생각하며 살고 있습니다.

# 자연밥상은 이렇게 차린다

## 내세우기 하나 채식과 자연식으로만 차린다

고기와 생선을 사용하지 않고 채식과 자연식으로 밥상을 차립니다. 고기와 생선을 쓰지 않으면
음식물쓰레기를 줄이고 세제 사용을 적게 하며, 화석 연료로 데우는 뜨거운 물은 물론 물 사용을 줄일
수 있습니다. 설거지나 음식 뒤처리도 그만큼 간편하고 수월해지지요. 자연에서 거둔 재료가 지닌 맛을
그대로 살리다보니 특별한 조미료도 복잡한 조리법도 필요 없습니다. 재료의 껍질을 살려 큼직큼직하게
썰어 씹는 맛을 더하고, 쓰고 남은 재료는 찢거나 가볍게 손질해 국물요리에 활용하지요.

## 내세우기 둘 철 따라 장 담그고 발효액 만든다

주로 쓰는 양념은 집에서 담근 간장과 된장, 그리고 흔히 효소라고도 하는 산야초발효액이지요.
하나같이 햇살과 바람으로 익히고 삭힌 양념인지라 그것으로 음식을 만들 때는 조리과정을 최대한
줄이고 재료가 지닌 생생한 맛과 기운을 놓치지 않으려고 해요. 그 밖에 오미자발효액도 즐겨 쓰는데,
달콤새콤한 오미자의 맛과 향이 살아있어 드레싱이나 소스를 만들 때 아주 요긴해요. 방풍, 당귀, 쑥,
미나리 등 야생나물을 꾸덕하게 말려서 된장이나 간장, 고추장에 묻어 삭혀서 먹는 발효장아찌나,
발효액을 섞어 담근 장아찌는 밥반찬으로 그만이지요. 오뉴월엔 매실과 아카시아 꽃으로 발효액을
만들고, 가을엔 과일잼과 유자청을 담아요. 잘 발효된 맛있는 된장과 간장, 발효액은 우리 몸의 면역력을
키워주고 에너지를 활성화하며 힐링 효과를 가져다주는 최고의 천연양념입니다.

## 내세우기 셋 산, 들, 텃밭에서 거둔 채소가 주재료다

햇빛과 바람을 많이 쐰 식물의 잎은 녹색이 짙습니다. 녹색이 짙을수록
섬유질이 강하고 항산화성분이 많으며 미네랄과 비타민이 많아서 면역력을
높여주고 몸을 깨끗이 해주지요. 땅에 뿌리박고 생명을 키워낸 채소, 산과
들, 밭에서 자란 야생성이 살아있는 채소, 농약이나 화학비료에 물들지 않은
채소들을 상에 올립니다. 직접 거둔 채소가 먹을거리가 되지만 구입을 할
때는 되도록 화학비료나 농약을 치지 않은 재료, 유통거리와 유통기간이
짧은 신선한 로컬푸드, 조리가공을 최소화한 재료들을 쓰지요.

## 내세우기 넷 호두, 잣 등으로 영양을 보탠다

"채소만 먹으면 영양이 부족하지 않나요?"라고 묻는 이들이 많습니다.
골고루 먹는 곡물과 채소, 산야초만으로도 영양성분이 충분해 내게 필요한
단백질과 지방은 그리 많은 양이 아니지만 호두와 잣을 자주 먹습니다.
단백질과 불포화지방산이 유난히 많은 호두와 잣을 음식을 만들 때
재료로도 활용하는데 껍질이 벗겨진 상태의 호두나 잣은 산패가 잘 되어서
향과 맛이 떨어지므로 되도록 껍질이 있는 호두를 깨뜨려 쓰지요.

## 내세우기 다섯 씨앗, 껍질, 뿌리를 통째(Whole Food) 먹는다

뿌리는 생명의 버팀목이라서 에너지가 많고, 껍질엔 생명을 보호해주는 항산화물질이 많으며 씨앗은 생명의 원천이므로 버리지 말고 먹어야 해요. 딱딱하다, 거칠다, 질기다면서 생명은 도려내고 연약한 속살만 먹다보면 우리 몸도 점점 연약해져서 면역력이 떨어지게 됩니다. 껍질째, 뿌리째, 씨앗째 먹으면 배설과정에 몸속 찌꺼기가 빠져나가 병소가 쑥 줄어들게 되어 피가 맑아지고 순환이 잘 되며 몸의 자정 능력과 자생 능력이 살아나게 되지요. 음식을 할 때마다 일일이 재료의 껍질을 벗기고 씨앗을 빼내고 뿌리를 다듬는 불필요한 과정을 줄였더니 요리하는 즐거움도 커집니다.

무 껍질도 밤 속껍질도 벗겨내지 않고, 고추의 씨앗도 털어내지 않고 그대로 식재료로 쓴다. 재료는 큼직하게 썰어 씹는 맛을 더한다.

## 내세우기 여섯 계량은 한 줌, 수북이… 조리는 쉽게 한다

우리나라 사람들은 '몇 그램, 몇 스푼' 이런 식의 계량보다는 '서너 개, 조금, 적당히'라면서 여백과 여유를 남기는 걸 좋아하지요. 나는 음식의 완성도가 정확한 레시피보다는 손맛과 맛을 분별하는 미각에 있으며, 물기와 화력과 시간이 더 큰 영향을 준다고 여기기에 레시피에 '한 줌, 수북이'라는 표현을 씁니다. '한 줌'은 가볍게 쥔 주먹 안에 담기는 정도의 양이구요, '수북이'는 흘러넘치지 않을 만큼 소담하게 담긴 걸 뜻해요.

## 내세우기 일곱 기본양념을 손수 만든다

너무 향이 강한 파, 마늘은 자연음식에는 어울리지
않아서 안 쓰고요, 손수 담근 집간장, 된장, 고추장과
곡물가루에 엿기름을 넣고 오랜 시간 삭힌 조청,
1300℃가 넘는 장작가마에서 구워 독을 뺀 도자기소금,
생협에서 판매하는 현미유와 현미식초, 생으로 짠
들기름과 생으로 빻은 들깨를 주로 씁니다. 거의 모든
음식을 이 정도의 양념으로 맛을 내지만 아쉬움이 전혀
없어요. 음식의 맛을 내기 위해 많은 양념이 필요한
게 아니라 음식 재료의 건강함과 신선도, 화학물질에
오염되지 않은 것이 중요하니까요. 농부의 발걸음을
듣고 자란, 농부의 수고와 마음이 담긴 유기농 친환경
채소는 양념이 적을수록 맛과 향을 더 잘 느낄 수
있습니다.

## 내세우기 여덟 기본국물은 '약초맛물'을 만들어 사용한다

둥글레, 칡뿌리, 유근피, 맥문동, 구기자, 오가피,
감초, 당귀, 황기 등의 재료들을 적절히 섞어서 맛을 낸
약초맛물을 기본국물로 씁니다. 이들 재료들은 약이 되는
식품으로 몸을 따뜻하게, 맑게, 순환이 잘 되게 도와주고
이뇨와 해독에도 도움을 준다고 동의보감에도 나와
있어요. 구수하고 향긋한 맛을 내는 한국산 허브라고 할
수 있지요. 살림음식에서는 이 약초맛물로 국도 끓이고
김치도 담고, 국수도 말고, 밥도 짓습니다. 다른 양념을
사용하지 않아도 될 만큼 음식 맛을 살려주고 몸에 흡수가
잘 되어 온몸을 편안히 해주이시 저질로 입맛이 당기시요.
연하게 끓여두면 차로도 마실 수 있어요.

# 봄에 좋은 재료들, 넉넉할 때 말리고 저장한다

## 햇볕 좋은 날,
## 산나물, 버섯을 말려 보관한다

흙에 뿌리내리고 알맞은 비와 햇빛을 먹고 자란 식물이 가장
왕성한 생명력을 가지고 있어요. 추운 겨울 서릿발을 뚫고
올라온 산과 들에 자생하는 나물거리나 가을까지 풍성하게
공급되는 채소들을 제철에 먹는 것만큼 맛있고 건강한 재료는
없지요. 그러나 철이 지나서도 먹으면 좋은 재료들이 있답니다.
바람과 햇살에 말린 재료들은 칼슘과 비타민D, 철분의 주요한
공급원이 되기 때문에 볕이 좋은 봄, 가을엔 먹을거리들을 잘
말려서 보관하는 게 좋아요.

말리기에 좋은 식품으로는 버섯류가 으뜸이고, 산나물·녹색
잎채소·열매·뿌리채소 등이 있지요. 버섯은 통째 말리는
것보다 얇게 쪼개어서 말리는 게 더 잘 마르며 산나물이나 녹색
잎채소는 살짝 데쳐서 차가운 물에 얼른 식힌 다음에 그늘에 잘
펴서 말려야 해요. 열매나 뿌리채소들은 얇게 저며서 말려야 잘
마르지요.

말릴 때는 첫째로 바람이 잘 통해야 하므로 바닥에 싸리대나
삼베를 깔고 재료는 겹쳐지지 않게 가지런히 펼쳐야 곱게 잘
마릅니다. 말린 재료들은 습기가 닿지 않도록 잘 밀봉하는 게
가장 중요해요. 아무리 잘 말려두어도 조금이라도 습기가 닿으면
곰팡이가 생길 확률이 높은데 유리병이나 비닐봉지가 습기를
막아주기에 좋지요. 아주 잘 말려진 것은 바람이 잘 통하는
서늘한 곳에 두면 해가 지나도록 상하지 않아요.

## 껍질도 말리고, 열매도 말린다

제주도에서 바로 올라온 유기농 감귤의 껍질은 정말 버리기 아까워요. 잘 말려두면 차를 끓이거나, 반찬재료로 쓰거나, 감기 몸살이 들면 약용으로도 쓸 수 있어서 여러모로 요긴하지요. 여름철엔 옥수수수염도 말렸다가 이뇨제로 쓰고, 호박 씨앗은 말려서 살짝 구우면 영양 많은 간식거리로 훌륭해요. 치자 열매도 잘 말려두있다가 음식에 고운 색을 낼 때 사용하는데 소염제로도 활용해요. 이렇게 먹다 남은 재료들을 잘 말려두면 약용식품이 되니 버릴 게 없네요.

## 데쳐서 냉동 보관하거나 졸여서 병에 담는다

강냉이나 풋콩, 죽순은 끓는 물에 살짝 데친 다음 찬물에 식혀 건져서 냉동 보관하기도 하고, 졸여서 병조림하기도 합니다. 수분을 줄여주면 보관기간을 늘릴 수 있기 때문에 말리거나 데치고 퓌레 상태로 졸이지요. 병을 잘 소독하여 병조림을 잘 해두면 일 년 이상 보관이 가능해요.

# 자연과 벗한 부엌살림 이야기

최소한의 살림살이만 가지고 살아보고 싶었던 이유로, 첫째는 가진 것이 적어지면 할 일이 적어져서 시간이
느슨해질 거라는 기대감이었고 둘째는 먼지처럼 가볍고 자유로워지고 싶은 욕구가 있었기 때문입니다. 요리학원
문을 닫으면서 그야말로 소꿉장난할 만큼 최소한의 살림살이만 남겼어요. 그리고는 한 숟갈의 생식가루와 한 줌의
푸성귀, 한 그릇의 밥만 가지고 여러 해를 살았지요. 다시는 요리를 안 할 것같이, 한 치 앞을 못 내다보고 죽을
때까지 그리 살 것만 같이, 그리 팍팍하게 살다가 산에서 내려와서 괴산 살림을 다시 살면서 요리수업까지 하다 보니
슬금슬금 살림이 늘고 있습니다.

## 투박해도 정감 있는 그릇들이다

흙으로 빚은 그릇과 나무를 깎아 만든 수저는 음식의 냄새가
배지 않고 그릇에 수저가 닿을 때의 부드럽고 조용한 느낌,
수저가 입에 닿을 때의 따스한 감촉이 좋아요. 맛있게 만들어진
음식을 어떤 그릇에 담느냐에 따라서 느낌이 달라지는 듯해요.

## 조각 천과 하얀 앞치마가 늘 준비되어 있다

무명, 삼베, 모시, 광목 이런 천연섬유들은 내 곁에 늘
쌓여 있어요. 쇼핑 나들이를 하지 않기 때문에 주로
주문을 해서 넉넉하게 준비한 옷감들이지요. 주문한
옷감이 도착하면 천연세제를 조금 넣고 세탁기의
삶음 코스에서 세탁을 한 후 다림질을 해서 차곡차곡
개켜둡니다. 짬이 날 때 이 천들을 서걱서걱 가위로
잘라서 옷도 만들고 이불도 만들고 남은 조각으로
냅킨이나 매트를 만들기도 해요. 삼베나 모시 조각은
두부의 물기를 짜거나 기름 받침 등 여러모로 쓰임새가
많고 무명도 여러모로 쓰입니다.

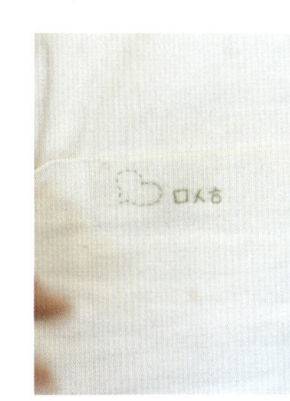

최소한의 살림살이로
살아보려 했지만
생활하다 보니 슬금슬금
살림이 늘었어요.

## 낡은 도마와 칼을 분신처럼 사용한다

나무도마 위에서 재료를 썰면 나무가 칼을 받아들이는
듯한 느낌이 편해서 나무도마를 좋아하지만 아무리
깨끗하게 씻어 햇볕에 말려도 도마 가장자리에 곰팡이가
생기기 일쑤입니다. 도마에 옻칠을 입히니 항균도 되고
습기 스며드는 것을 막아주어서 아주 좋아요. 만져보면
손에 촉촉한 옻의 향이 배는 듯싶고, 도마에 배인 칼자국이
내 얼굴에 새겨진 주름처럼 연륜을 나타내는 것만 같아서
더 정감이 가요. 이렇게 깊은 자국이 나고 여러 번 옻칠을
입힌 도마는 그대로 예술품처럼 보입니다.

# 좋은 식재료, 텃밭 가꾸어 얻는다

'좋은 식재료를 구하기 위해서는 시장으로 갈 게 아니라 밭으로 가야 한다'라는 생각으로 시멘트 마당 위에 블록을 쌓고 흙을 채워 넣어서 고추, 상추, 호박 등을 심던 때가 있었어요. 플라스틱 화분에선 방울토마토가 익어가고 그것만해도 흐뭇하기만 했지요. 그 다음해는 생땅을 일구어서 제법 커다란 채소밭을 만들어 온갖 채소를 다 심어 놓고 매일 물을 주며 채소들이 자라는 모습에 행복해 했던 기억도 새삼 떠오르네요. 부슬부슬한 흙과 돌멩이와 유리조각 밖에 없는 생땅을 괭이와 호미질로 북돋우고 손질한 다음 거름 주어서 씨앗을 심었더니 얼마나 보기 좋은 채소밭이 만들어졌던지 '이게 바로 창작이네, 이게 예술이네' 혼자서 가슴이 터질 만큼 뿌듯했습니다.

내가 먹을 것, 내가 입을 것만이라도 자급자족 하고 싶은 나의 열망은 내가 가꿀 텃밭을 손수 만드는 일을 가능하게 했고 시멘트 땅이든, 돌멩이가 가득한 땅이든 내가 무언가를 심을 수 있도록 만들어 주었지요. 하고 싶은 일, 살고 싶은 삶을 만들어 내는 것은 결국 나의 몫인 게 틀림없습니다. 아주 작은 공간이지만 손수 심고 가꾼 채소를 거두어 먹는 맛은 행복지수를 높여주는 수은주 같습니다.

## 텃밭 만들기 요령

도시에 살면서 조그만 공간이라도 있는 주택이면 블록이나
나무상자를 쌓아서 그 안에 흙을 채워 넣어 밭을 만들고,
아파트 베란다에도 같은 방법으로 조그만 채소밭을 만들
수 있어요. 흙을 옮기는 것이 만만찮은 일이긴 하지만
열정이 있다면 가능한 일이지요. 돈 주고 흙을 사야 되는 좀
이상한 세상에 살고 있지만 도시 외곽의 화훼 농가에 가면
흙과 부엽토, 거름 등을 구할 수 있어요. 서너 식구가 먹을
채소를 심는다면 한두 평만한 상자를 확보해도 충분하지요.
하나의 씨앗을 심어서 수십 배의 열매를 얻을 수 있으니까요.
초보자라면 씨앗을 발아시키기가 쉽지 않을 테니 재래시장이나
화훼 농가에서 모종을 구해 심는 게 좋습니다. 처음부터
너무 욕심내지 말고 가지·오이·토마토 한두 모종, 상추·쑥갓
대여섯 개, 고추·깻잎 두어 개 정도 심어요. 이만해도 생각보다
먹을거리를 많이 얻을 수 있어요. 심을 때 너무 촘촘히 심으면
잘 자라지 못하니 최소한 한 뼘 반 이상 공간을 띄어주어야
합니다. 거름을 주려면 유기비료를 사다가 쓰는 게 편리한데 흙
한 양동이에 한 줌 정도의 비료로 충분하지요. 햇빛은 넉넉히,
바람은 솔솔, 물은 촉촉할 정도로 주구요. 건강한 흙의 품에
안겨서 초록 생명이 무럭무럭 자라나는 재미를 맛볼 수 있을
거예요.

1 부엽토, 퇴비를 적당히 섞어
보드라운 모종 흙을 만든다.
2 모종 흙을 담아 손가락으로
지름 1cm 정도 구멍을 내고 작은
씨앗을 한 개씩 심은 뒤 가볍게
흙을 덮는다. 씨앗을 틔우기가
어렵다면 모종을 구해 심는다.
3 싹튼 씨감자. 감자는 싹튼
부분을 도려내어 50cm 정도
간격을 두고 깊이 심는다.
4 채소모종들.
5 모종은 최소한 한 뼘 반 이상
간격을 두고 심는다.
6 잘 자란 치커리를 거두어
샐러드나 쌈으로 먹는다.

# 음식 맛 살려주는 기본양념들

- **집간장** 모든 요리에 쓰이는 짠 맛은 집에서 담근 간장과 도자기가마에서 1300℃ 이상 고온에서 구운 소금으로 낸다. 가을에 쑨 메주를 겨우내 잘 띄워서 담근 간장을 여름 햇살에 달이고 묵혀서 발효양념으로 쓴다. 간장의 맛이 음식 맛을 좌우하기 때문에 간장 선별이 중요하다. 손끝에 찍어 맛보아 달착한 향이 감도는 게 좋다. 좋은 간장은 윤기가 반지르르하게 흐르고 발효 향이 감돈다. 덕유산 자락 수승대의 깨끗한 물과 너른 들판에 쏟아지는 햇살에 달인 옹기뜸 골 간장이 맛있다.

- **조청** 단맛을 내는 양념으로 발효액과 원당, 꿀, 조청을 쓰는데, 특히 조청은 음식의 깊은 맛을 내기 위해서 쓴다. 조청은 엿기름에 곡물가루를 삭혀서 달인 것이라 미네랄 성분이 많고, 당도가 낮으며 윤기가 흐른다. 음식의 식감을 촉촉하게 해주고 튀지 않는 달착한 맛이 감기는 듯하다. 소스나 조림 만들 때 좋다. 일반 가게에서 파는 것 중에 조청이라고 쓰였지만 엿기름에 삭히지 않은 것이 있으므로 유의해서 골라야 한다. 진짜 조청은 꿀처럼 투명하지 않고 짙은 갈색을 띠며 값이 비싼 편이다. 생협에서 판매되는 것은 믿을 수 있다.

- **도자기소금** 1000℃ 이상에서 녹여 독성과 불순물을 제거한 소금이 좋다. 질 좋은 소금은 단맛이 감도는 짠맛을 가진다. 간장 대신에 소금을 쓸 때가 있는데 음식의 맛을 깨끗하고 담백하게 만들고 싶을 때는 간장보다 소금이 낫다. 도자기 구울 때 장작가마에서 나무를 태우면 음이온이 많이 발생하는데 1300℃ 이상의 고온가마에서 독기를 뺀 도자기소금이 맛이 좋다. 양산의 단야요에서 도공이 구운 소금을 공급받아 쓴다. 구운 도자기소금이 없으면 토판염이나 천일염, 죽염 등을 쓴다.

- **현미유** 우리나라에서 만든 기름으로 많이 먹으면 좋지 않지만 꼭 사용해야 하는 요리에는 요긴하다. 생협에서 구하는 게 품질이 좋다. 올리브기름은 비중이 낮아서 잘 타고 카놀라유는 거의 수입이다. 포도씨유도 수입산이 아니라면 쓸 만하다.

- **현미식초** 식초도 사과식초, 토마토식초, 현미식초 등이 있는데 토마토식초는 특유의 향이 있어서 좋아하지 않는 사람도 있다. 사과식초도 좋지만 현미식초는 맛이 부드러워서 애용한다. 현미식초 중에도 양조식초가 아닌 것은 톡 쏘는 신맛이 나서 음식 재료의 맛을 버리게 되므로 양조식초인지 잘 보고 사야 한다. 이 외에 감식초는 양념보다는 음료로 먹는 게 더 좋고, 포도식초는 드레싱을 만들 때 좋다. 발효가 잘 된 양조식초라야 좋은 식초다. 발효가 잘 된 것은 맑은 빛을 띠며, 신맛에 달콤한 향이 섞여 있다.

- **생들깨·생들기름** 들깨에는 리놀렌산과 오메가3, 불포화지방산이 많아서 몸에 이롭다. 특히 껍질에 항산화물질이 많기 때문에 껍질을 벗기지 않는 게 좋다. 볶지 않은 생들기름이나 생들깨가 볶은 기름이나 볶은 들깨에 비해 훨씬 신선하고 고소하므로 볶지 않는 게 건강에도 좋고 맛도 좋다. 생으로 짠 들기름이라도 냉장 보관한다.

- **원당** 사탕수수를 농축시켜서 가루로 만든 원료당을 원당이라고 한다. 필리핀이나 남미의 유기농가에서 재배하고 만든 원료당을 공정무역으로 들여온 마스코바도가 원당이다. 쌀로 치면 현미에 해당되는 설탕이며 유기농 설탕이라고 판매되는 것은 쌀로 치면 오분도미쯤 되는 것이다. 정백당은 백미에 해당되는 것으로 우리 몸에서 분해가 잘 안 되는 단당류이기 때문에 해롭다. 마스코바도라는 원당이나 유기농 설탕에는 사탕수수의 미네랄 성분이 많이 함유되어 있고, 다당류라 분해흡수가 잘 되며 미네랄 섭취도 도와준다. 일반 설탕보다 단맛이 훨씬 적고 고소하며 깊은 달착한 맛이 나서 음식 맛을 살려준다.

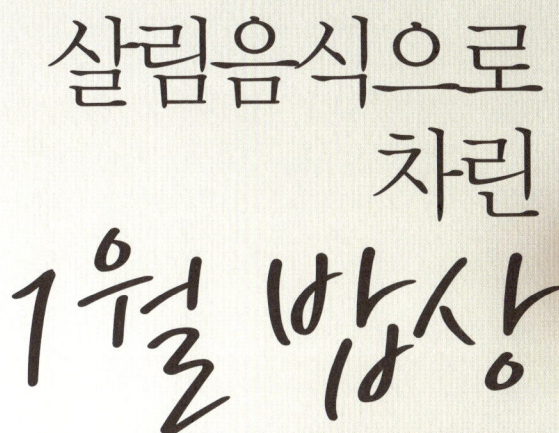

# 살림음식으로
## 차린
# 1월 밥상

내 몸 살리는 첫 번째 이야기

〈살림〉은 아랍어로 '샬롬'에서 비롯된 것으로 〈살리다, 살림을 잘 살다, 평화〉라는
뜻이에요. 내 몸 살리고 평화를 생각하는 음식이 곧 살림음식입니다.

자연밥상이 내 몸을 살린다

# 살림음식 조리법, 자연에서 꺼내다

"먹는 것을 보면 그 사람을 알 수 있다"고 하지요. 최근에 읽은 책 〈음식문맹자, 음식시민을 만나다. 김종덕 지음〉에서 음식문맹자를 '첫째, 음식을 중요하게 여기지 않는다. 둘째, 음식을 감사하게 먹지 않는다. 셋째, 음식에 대해서 잘 모른다. 넷째 음식에 대해 잘못 알고 있다. 다섯째, 음식을 만들거나 다루는 기술을 가지고 있지 않다. 여섯째, 음식에 대해 성찰하지 않는다. 일곱째, 음식에 대해서 허위의식을 가지고 있다.'고 정의한 걸 보고 고개를 끄덕이게 되었어요. 또 조리기술이 없으면 '음식에 대한 관심이 줄어들고, 남이 만든 음식을 먹어야 하며, 음식을 통제할 수 없고 좋은 것을 먹을 방법이 크게 줄어든다.'고 하면서 조리방법을 모르면 인스턴트식품을 많이 먹게 되어 생명 비용이 늘어난다고도 했어요.

요즘 생활습관 병에 대한 관심이 높아지면서 채식과 자연식이 치료 예방에 좋다는 정보도 뉴스화되고 있죠. 그런데 자연식은 맛이 없다는 선입견이 문제예요. 그래서 그런 고정관념을 깨줄 멋지고 맛있는 다양한 조리법이 꼭 필요하다는 것을 절실히 느꼈어요. 시대적 소명감을 가지고 이러한 음식 조리법을 연구한 것은 아니지만 오랜 세월 음식 만들기를 업으로 삼아온 내게 요구되어지는 의무감이랄까 책임감 같은 것이 이러한 자연요리 레시피를 만들게 된 계기가 된 것 같습니다.

먹고 사는 방식은 그 사람의 삶의 기준과 가치관, 철학, 윤리의식을 드러내는 것이지요. "나만 잘 먹고 잘 살면 돼"가 아니라 '지속가능한 공생공존의 삶'을 살고자 하는 사람은 먹고 사는 방식에 대한 성찰을 하게 됩니다. "내가 먹는 것이 내 생명을 어떻게 돌보는 걸까? 내가 먹는 것이 주변과 환경에 어떤 영향을 끼치게 될까? 내가 사는 이 지구의 생명 사이클이 잘 유지되려면 어떤 것을 먹는 것이 좋을까?" 이런 고민을 하는 사람이 음식시민일 거라는 생각을 해 봅니다.
"내가 먹는 것이 곧 나다"라고 여기면서 살림과 평화를 동시에 만족시키는 음식이 곧 살림음식이고 자연밥상이지요.

# '자 연 식 을   한 다'는    것

우리가 아름답다고 감동하는 순간들은 대개 자연 속에서 미처 보지 못하고 지나쳤던 작은 것을
발견했을 때가 대부분이에요. 그것은 풀잎 끝에 매달린 작은 이슬방울일 수도 있고, 하늘 한 모퉁이를
곱게 물들이는 연분홍빛 새털구름일 때도 있고, 가을 숲에 떨어지는 한 줄기 투명한 햇빛일 수도
있어요.
이런 느낌들이 가슴을 적실 때 몸과 마음이 이완되고 휴식과 편안함이
찾아들지요. 음식 또한 그렇게 내 몸과 마음속에 자연스럽게 스며들어 편안해지고
나와 하나가 되는 순간 생명에너지로 변환됩니다. 이렇게 자연스러운 음식을 먹고
살 때 '자연식을 한다'고 말할 수 있겠지요. 자연식이란 인위적인 것들을 최대한
배제한 것이라고 생각합니다.
그러나 문명을 완전히 거부한 채 야생의 삶을 살지 않는 한 인위적인 요소를 완벽하게 배제하기란
힘듭니다. 그래서 나는 되도록이면 거친 욕망이 많이 들어가지 않은 먹을거리를 선택하려고 해요.

욕망이 많이 들어가지 않은 먹을거리란 그것을 키우고 나누는 마음에 양심이
깃든 것을 말해요. 땅을 죽이지 않고 물을 오염시키지 않으며 단지 팔기
위해 키우는 것이 아니라 함께 살아가는 세상을 만들고자 애쓰는 양심적인
농부들이 키운 것들이지요.
생활협동조합 등 네트워크를 통해 이런 농부들과 유대할 수
있습니다. 누가 어떤 마음으로 키운 재료인가는 음식을 만드는
데 아주 중요한 요소입니다. 이와 더불어 또 하나 중요한 사항은
좋은 재료가 가진 맛과 향과 색의 순수성을 가능한 한 건드리지 않아야
한다는 사실이에요. 좋은 재료로 단순하게 요리하면서 나의 삶은 가볍고
즐거워졌으며, 부드럽고 편안한 삶을 잘 살고 있다는 안도감을 얻습니다.
음식 만드는 방법과 먹는 방식을 바꾸고 나서 얻은 삶의 기쁨과 건강한
생각들은 인생을 새롭고 흥미롭게 만들어 줍니다.

나는 주변 사람들에게 "음식 만들기와 바느질하기, 일과 삶은
쉽고, 가볍고, 재미있어야 한다. 만일 그 어느 하나라도 어렵고,
무겁고, 지루하다면 무언가가 잘못된 것일 터이니 무엇이 잘못
돌아가고 있는지 잘 살펴보라"고 자주 말합니다.
음식과 생명, 몸과 마음, 자연과 물질, 삶과 일, 이 모든 것은 하나입니다.
이제부터는 좋은 재료를 가지고 쉽고 가볍게 최상의 음식을 만들어 보세요.
복잡하거나 어렵지 않게 단순하게 조리한 음식이 생명을 일깨우는 놀라운
경험을 할 수 있습니다.

메밀가루
배춧잎지짐

차수수가루
무지짐

삼색나물

무은행밥찜

유자청드레싱
참마어린잎생채

오방밥

두부구이와
버섯구이

느타리버섯무국

정 갈 한   자 연 의   맛 으 로   새 해 맞 이   밥 상

새해 상에 올리는 오방밥 짓기_ 하루 전에 불려둔 현미찹쌀, 흑미, 황률에 삶은
팥과 은행을 넣고 밥물을 잡아 밥을 짓는다. 팥을 맛있게 삶으려면 하룻밤 정도
물에 불렸다 삶는 게 좋다. 불린 팥에 물을 붓고 끓여 처음 끓는 물은 따라내고
다시 찬물을 부어서 익힌다. 그러면 떫은맛도 가시고 잘 익는다.

재료가 지닌 맛을 그대로 살리는 자연식 요리는 특별한 조미료도 복잡한
조리법도 필요 없다. 재료는 껍질을 살려 큼직큼직하게 썰어 씹는 맛을
더하고 쓰고 남은 재료는 찢거나 가볍게 손질해 국물요리에 활용한다.
웬만한 한식에 단골로 넣는 파와 마늘을 넣지 않고 집간장과 조청, 현미유,
사탕수수 원당들만 넣어도 충분히 깊고 풍부한 맛이 난다. 사탕수수 원당은
두레생협이나 아이쿱생협에서 마스코바도라는 이름으로 판매하고 있다.

가볍고 쉽고 재미있으며 생명에너지가 가득해서 힐링
파동을 스스로 낼 수 있는 음식을 만들기 위해서는
무엇보다 재료가 중요합니다. 되도록 화학비료나 농약을
치지 않은 재료, 유통거리와 유통기간이 짧은, 신선한
로컬푸드를 사용하되 조리 및 가공은 최소화해야 합니다.
조리가공을 최소화하면 많은 양념이나 조미료가 필요치
않습니다.
집간장, 조청, 산야초와 오미자발효액, 현미식초와
현미유, 볶지 않은 생들기름과 참기름·생들깨, 구운소금,
정제하지 않은 사탕수수가루(원당) 정도면 충분합니다.
모든 생명체의 형질은 빛입니다. 가시적으로 일곱 빛이라
하지만 실제 근본은 백과 흑, 적, 청(녹), 황입니다.
우리나라는 옛날부터 이 다섯 가지 빛의 근원에 닿기
위해 음식과 의상, 생활 전반에 걸쳐서 이 오방색을
두루 사용하였습니다.
'평화가 깃든 밥상' 살림음식에서도 이 오방색을 중요하게
여겨서 새해맞이 밥상의 주인공인 밥을 오방밥으로
짓습니다. 재료는 현미찹쌀, 검정쌀, 팥, 은행, 황률입니다.
여기에 무와 느타리버섯을 집간장과 참기름을 조금 부어
다글다글 볶다가 무가 나른해지면 물을 붓고 푹 끓인
단순소박한 국을 곁들이는데 그 시원함과 달착한 맛은
놀라울 정도입니다.

재료가 좋고, 간장이 맛있으면 크게 수고하지 않고도 얻을 수 있는 맛이지요.

격식 있는 밥상에서 빠지지 않는 삼색나물은 늘 하던 대로 무나물, 시금치나물, 콩나물입니다. 우리나라의 상차림은 궁중음식과 반가음식이 대표인데, 살림음식에서 다루는 음식은 아무래도 농가음식이라고 하는 게 맞을 듯합니다. 무나물도 소금과 생들기름만으로 맛을 내고, 시금치와 콩나물은 집간장과 참기름만으로 무쳐 나물 본래의 맛을 건드리지 않습니다.

들기름은 식품 중에 오메가3가 제일 많다고 하죠. 들깨를 볶지 않고 생으로 짜면 신선한 향과 맛과 기운을 최대치로 늘릴 수 있습니다. 생들기름에는 노화방지에 아주 좋은 불포화지방산이 풍부합니다. 무엇보다 생들기름의 신선한 향을 한번이라도 맛본 사람은 볶은 들기름은 그 맛과 향이 떨어진다는 것을 금방 느끼게 됩니다.

아무리 몸에 좋은 자연밥상이라도 멋과 풍미를 제대로 살리지 않으면 어딘지 모르게 결핍감이 들 수도 있습니다. 이러한 결핍감을 해소하기 위해서 단순하고 소박하면서도 기품이 있는 상차림도 염두에 두어야겠지요. 두부구이와 버섯구이는 상차림의 품격을 높여주기에 좋은 음식입니다. 두부는 도톰하고 큼직하게 썰어서 현미유를 조금 두른 다음 노릇노릇하게 구워 구운소금과 굵게 빻은 후춧가루를 뿌려서 스테이크 같은 풍미를 내었고, 버섯은 기름을 두르지 않고 노릇하게 구워서 구운소금과 생들기름으로 무칩니다. 쫄깃하고 고소한 맛이 고기는 저리가라 할 만하지요. 겨우내 움에서 저장한 무와 배춧잎을 차수수가루와 메밀가루로 옷을 입혀 지진 부침은 색도 곱고 맛도 참 좋습니다. 여기에 상큼함을 돋워주는 참마와 어린잎생채를 곁들입니다. 아삭거리는 마의 식감도 좋지만 지난가을에 담갔던 유자청으로 향을 살린 드레싱은 살아있는 미네랄을 먹는 듯한 신선함을 더해줍니다.

마지막 하이라이트는 갈비찜보다 더 맛깔스러운 무은행밤찜이지요. 예전에 갈비나 사태찜을 만들면 무를 더 맛있게 건져 먹던 기억을 더듬어 만든 찜입니다. 갈비찜에서 갈비만 빼고 다른 재료는 다 들어갑니다. 무와 밤, 표고버섯, 다시마, 대추, 은행에 집간장과 조청으로만 맛을 냅니다. 집간장은 햇살에 잘 익은 발효조미료이고요, 조청은 엿기름 삭힌 것을 불에서 오래 달여 만들어야 깊은 맛이 납니다. 공장에서 대량 생산된 간장과 조청으로는 도저히 흉내 내지 못할 맛이지요. 여기에다 갈비의 부드럽고 기름진 맛을 내기 위해 현미유를 둘러 주면 반지르하면서 담백하고 살찌지 않는 채소찜이 됩니다.

고기나 생선으로 조리할 때에는 그들이 가진 잡냄새와 맛 때문에 파, 마늘 같은 강한 향신료가 필요하지만 채소만으로 조리할 때에는 그렇게 강한 향의 양념은 채소 각각의 향을 잡아먹기 때문에 사용하지 않습니다. 우리나라의 국은 은근한 불에서 오랜 시간 달이듯이 끓여야 깊은 맛이 납니다. 무국도 예외 없이 푹 끓여야 제 맛이 나는데 좀 많이 끓이다 보면 국이 좀 남기도 해요. 국만 계속 먹기가 식상할 땐 무국에다 남은 밥을 넣고 죽을 쑤어도 좋고 떡국을 끓여 먹으면 시원하면서도 깊은 맛이 나요. 남은 떡으로는 오색떡볶이도 만들어 보지요. 떡볶이도 집간장과 사탕수수 원당만으로 맛을 내는데 먹어본 사람들은 "정말 그것만으로 맛을 냈느냐?"며 놀랍니다.

이렇게 차린 새해맞이 자연밥상은 손님 접대 코스음식으로도 손색이 없어요. 유자청드레싱을 끼얹은 참마와 어린잎생채를 애피타이저로 내고, 생들기름으로 버무린 버섯구이와 구운소금과 후춧가루로 마무리한 두부구이, 차수수가루로 옷을 입힌 무지짐과 메밀가루로 옷을 입힌 배춧잎지짐, 집간장과 조청으로 조린 무은행밤찜, 잘 지은 오방밥과 느타리버섯무국, 삼색나물을 차례로 내면 됩니다.

### 무은행밤찜

••• 무 1/2개, 밤·대추·은행 10개씩, 구기자 한 줌, 말린 표고버섯 4개, 다시마 3~4조각, 집간장 4큰술, 조청 3~4큰술, 현미유 1큰술, 물 5컵

1 무는 껍질을 군데군데 살짝만 벗겨 큼직하게 썰고, 밤은 속껍질을 반쯤만 깎아낸다. 은행도 속껍질째 준비하고 대추와 구기자는 씻어둔다.
2 말린 표고버섯과 다시마를 4~5컵의 물에 담갔다가 부드러워지면 건져서, 다시마는 손가락 한 마디 정도 크기로 썰고, 표고버섯은 기둥을 떼어낸 후 어슷하게 저민다.
3 냄비에 무, 밤, 표고버섯, 다시마를 넣고 다시마와 표고버섯 불린 물을 붓고 끓인다. 끓을 때 떠오르는 거품은 걷어낸다.
4 무가 무르게 익으면 대추, 은행, 구기자를 넣고 간장, 조청을 넣어 중불에서 졸이다가 맛이 어우러지면 현미유를 두르고 무에 양념이 충분히 배어들 때까지 국자로 국물을 골고루 끼얹어가며 졸인다.

＋ 떼어낸 표고버섯 기둥은 잘게 찢어 탕국에 넣어주면 좋다.
＋＋ 대추, 은행, 구기자를 넣을 때 마른고추를 2등분하여 넣어주면 칼칼한 맛을 더할 수 있다.

무국국물
활용 요리

### 느타리버섯무국

••• 무 1/3개, 느타리버섯 2줌, 말린 표고버섯 4개, 다시마 2조각, 집간장 3～4큰술,
참기름 1작은술, 물 8컵

1 말린 표고버섯과 다시마를 찬물에 불렸다가 건져서 손톱 크기로 썰고, 우린 물은
국물로 사용한다.

2 무는 1cm 크기로 깍둑 썰고, 느타리버섯은 먹기 좋은 크기로 썬다.

3 썰어놓은 무, 느타리버섯, 말린 표고버섯을 냄비에 넣고 센 불에서 참기름과 간장으로
볶는다. 간장이 스미면서 재료에서 물이 나오기 시작하면 중불로 낮춰 다시마를 넣고
국물이 자작해질 때까지 충분히 볶아준다.

4 표고버섯과 다시마 우린 물을 붓고 센 불에서 끓기 시작하면 불을 낮추어 중불에서
30분 정도 푹 끓인다. 떠오르는 거품을 잘 걷어내면서 끓여야 국물 맛이 깔끔하다.

### 아침죽 (한 그릇 분량입니다)

••• 국 한 그릇, 오방밥 반 공기, 장김치 조금

끓는 국에 밥을 넣고 중불에서 은근히 끓이다가
국과 밥이 잘 어우러지면 약한 불에서 뜸을 들인다.
장김치와 함께 내면 잘 어울린다.

가래떡
활용 요리

## 무국으로 끓인 떡국 (한 그릇 분량입니다)

••• 무국 한 그릇, 떡국떡 한 줌

끓는 국에 떡국떡을 넣고 떡이 익을 정도로 끓여
그릇에 담아낸다 (떡이 떠오르면 익은 것이다).

## 오색 떡볶이

••• 가래떡 4줌, 파프리카 1/2개, 가지 1개, 풋고추 2개, 양배추 2~3장,
고추기름 또는 현미유 2큰술, 집간장 3큰술, 원당 2~3큰술

1 어슷썬 가래떡이 굳었다면 끓는 물에 데쳐서 찬물에 헹군다.
2 파프리카, 가지, 양배추는 손가락 한 마디 크기로 썰고 풋고추는 동글동글 썬다.
3 달군 팬에 고추기름을 넣고 양배추를 볶다가 나머지 재료들을 넣고 간장과 원당으로 간을 한다.
4 중불로 낮춰 잠시 볶다가 약불로 낮춰서 뜸을 들이면 깊은 맛이 난다.

✚ 고추기름 내는 법 현미유 1컵을 뜨겁게 달구어서 (고춧가루를 조금 넣어보아 천천히 떠오르면 알맞은 온도이다)
고춧가루 2큰술을 넣고 휘저은 후 재빨리 불을 끈 다음 필터로 걸러주면 된다.

메밀가루와 무에는 해독 성질이 있고,
배추에는 항산화물질이 풍부하다고 알려져
있습니다. 들깨와 들기름에 오메가3가 많다는 건
이미 알려진 사실이죠.

### 두부구이와 버섯구이

••• 두부 1모, 새송이버섯 2개, 표고버섯 2개, 굵게 빻은
후춧가루 2작은술, 구운소금 4작은술, 생들기름 1큰술,
참기름 2작은술, 현미유 2큰술

1 두부는 큼직하게 썰어 현미유를 두른 프라이팬에 올려
노릇하게 굽는다. 구우면서 소금 2작은술과 후춧가루를 뿌린다.
2 새송이버섯은 모양을 살려 얇게 썰고, 표고버섯은 어슷하게
저며 기름 두르지 않은 팬에 수분을 없애주는 정도로 노릇하게
굽는다. 구운 새송이버섯은 소금 1작은술과 생들기름, 구운
표고버섯은 소금 1작은술과 참기름으로 무친다.

### 차수수가루무지짐과 메밀가루배춧잎지짐

••• 무 1/4개, 배춧잎 4장, 통밀가루 1컵, 메밀가루 1/2컵,
수수가루 1컵, 구운소금 1작은술, 현미유 4큰술, 물 1과2/3컵

1 무는 얇게 반달썰기를 해서 끓는 물에 살짝 데치고 배춧잎은 줄기
부분을 방망이로 살살 두드려 준비한다.
2 무와 배춧잎에 마른 통밀가루를 묻혀둔다.
3 메밀가루에 남은 통밀가루를 섞어 같은 양의 물로 반죽해 배추에
옷을 입혀 지지고, 수수가루는 분량의 2/3의 물로 반죽하여 무에
옷을 입혀 지진다. 반죽할 때 소금을 넣어 간한다.

도자기 굽는 장작가마를 이용해 1300℃ 이상의 고온에서
구운 도자기소금은 독이 없고 단맛이 감돌아 음식 맛을 더해줍니다.
단맛을 낼 때도 미네랄이 살아있는 사탕수수 원당을 쓰면
음식 맛을 깊고 풍부하게 해주죠.

### 삼색나물

**무나물** ••• 무 1/3개, 생들기름 2큰술, 구운소금 2작은술, 생들깨 1큰술, 물 2/3컵

1 채썬 무에 생들기름을 넣어 볶다가 무가 약간 투명해지면 물을 붓고 소금을 넣어 익힌다.
2 불을 낮추어 자작하게 국물이 스며들 때까지 뜸을 들인 후 생들깨를 뿌린다.

**시금치나물** ••• 시금치 4줌, 집간장 1과1/2큰술, 참기름 2작은술

시금치는 끓는 물에 데쳐 찬물에 헹궈 짠 다음 간장과 참기름으로 무친다.

**콩나물무침** ••• 콩나물 4줌, 집간장 1과1/2큰술, 참기름 1작은술, 물 1/2컵

1 끓는 물에 콩나물을 넣고 간장으로 간하여 뚜껑을 덮고 아삭하게 익힌다.
2 불을 낮추어 참기름을 두르고 살짝 무친다.

### 유자청드레싱 참마어린잎생채

••• 참마 20cm 길이 1개, 어린잎채소 2줌, 호두 2알, 구운소금 1/2큰술, 물 2컵

**유자청드레싱}** 유자청 2큰술, 현미식초 1~2큰술, 구운소금 2작은술, 올리브유 또는 생들기름 1/2큰술

1 참마는 껍질을 반만 벗기고 도톰하게 썰어 소금물(식초물도 가능)에 20분 정도 담가둔다. 어린잎채소는 헹궈 체에 밭쳐두고, 호두는 굵게 썬다.
2 참마를 건져서 물기가 빠지면 어린잎채소와 같이 그릇에 담고, 그 위에 굵게 썬 호두를 뿌린다.
3 유자청드레싱을 만들어 재료 위에 끼얹는다.

오곡부꾸미

들빛차

배숙

건강한 기운을 선사하는
자연식 다과상차림

우리나라 상차림에는 밥상, 교자상, 제상, 통과의례상, 주안상, 다과상 등 여러 종류의 상차림이 있지요. 그중에서도
다과상은 후식이나 손님 접대할 때 가볍게 내어 놓는 상차림인데 전통 방식은 손이 많이 가고 단맛이 지나치게 강해
요즘엔 잘 안 먹어요.

외식산업이 커지면서 서양 식사법에 익숙해진 사람들은 디저트가 빠진 상은 어딘가 부족하다고 여기기도 해요. 다디단
서양과자를 후식으로 즐겨 먹는 이들을 보면서 '건강하고 만족감을 주는 우리식 디저트는 없을까?' 생각해 보았어요.
'배숙'이라고 배를 끓인 우리나라 전통 음료가 있는데 그것을 좀 더 멋스럽고 현대인의 입맛에 맞게 디저트로 만들어 본 게
생강과 대추를 넣고 만든 디저트용 배숙이에요. 흰설탕이 아닌 원당으로 건강함을 더했지요.

여기에 현미찹쌀, 차수수, 차조, 기장, 찰보리를 섞어 만든 오곡가루에 엿기름가루를 넣고 익반죽하여 구운 부꾸미와
국화꽃, 찻잎, 구기자, 둥글레, 박하, 쑥 등을 혼합하여 가루를 낸 들빛차와 함께 다과상을 꾸밉니다. 이 오곡가루에
원당과 잣을 듬뿍 넣어서 호떡을 구워 내면 훌륭한 간식거리가 됩니다.

오곡가루
활용 요리

## 오곡호떡

••• 오곡가루 2컵, 구운소금 1작은술,
원당 4큰술, 계피가루 2작은술,
잣 2작은술, 현미유 2큰술,
물 4~5큰술

1 오곡가루에 소금을 넣고 끓는 물로
익반죽한다. 이때 손에 달라붙지 않을
만큼 되직하고 말랑하게 반죽하는 게
중요하다.
2 원당과 계피가루, 잣을 섞어 소를
만든다.
3 반죽을 동그랗게 빚은 후 준비해둔
소를 넣고 달궈진 팬에 현미유를
두르고 굽는다.

## 오곡부꾸미

••• 엿기름가루 1큰술, 오곡가루 1컵, 구운소금 1/2작은술, 현미유 1큰술, 물 2와1/2큰술

1 엿기름가루를 물 2큰술에 넣고 2~3시간 삭힌 후 오곡가루와 소금을 넣고 끓는 물 1과1/2큰술로
익반죽한다.
2 동글납작하게 빚어 현미유를 두른 팬에서 노릇하게 굽는다. 조청을 곁들여도 좋다.

✚ 시판하는 엿기름가루는 겉보리 싹을 틔워 말린 것을 가루로 낸 것이다. 보리가 싹을 틔울 때 씨 속에 있는 녹말을
당분으로 바꾸는 효소가 생겨 단맛을 내게 되므로 식혜나 엿, 고추장을 만들 때 사용한다.
엿기름가루는 소화를 돕고 위를 따뜻하게 해주며 입맛을 돋워주는데, 오곡가루에 섞어 부꾸미를 구우면 맛을 한층
더해주며, 좀 더 노릇하게 구우면 코코넛가루로 만든 쿠키와 비슷한 식감을 즐길 수 있다.
### ✚✚ 오곡가루 만드는 법
현미찹쌀 4 : 차조 1 : 차수수 1 : 기장 1 : 찰보리 1의 배합으로 잘 씻어 밤새 물에 불린 다음 소쿠리에 건져 물기가 빠지면
방앗간에서 빻아와 2~3공기 정도로 나누어 담아 냉동 저장해두고 사용한다. 이 오곡가루로 찜도 하고 죽도 쑤고 요리
부재료로도 쓰고, 호떡도 굽고 부꾸미도 만들고 떡도 찔 수 있으니 준비해두면 여러모로 든든하다.
### ✚✚✚ 오곡가루 반죽할 때 물의 양
금세 빻아서 수분 함량이 많을 땐 가루 1컵에 물 1과1/2큰술 정도면 되고, 수분이 조금 말랐을 땐 2큰술 정도를 넣는다.
오곡가루에 찰기가 있으므로 물을 아주 조금만 넣는다는 느낌으로, 손에 들러붙지 않을 정도로 되직하게 반죽한다.

## 들빛차

••• 들빛차 1/2작은술, 물 1/2컵

분량이 끓는 물에 들빛차를 넣고 한김 올려 2인 다관에 따라낸다.

✚ 들빛차는 국화, 오미자, 구기자, 황기, 결명자, 둥글레 등 10여 종의 들꽃과 들풀, 열매, 뿌리를 적절히 배합하여 만든
혼합침출차다. 온몸의 에너지를 순환, 조화시켜 줌으로써 면역성을 높이고 체지방을 분해하며 불필요한 물질들을
몸 밖으로 배출해 배변 및 이뇨를 도와준다. 노약자, 어린이도 일상 음료로 마실 수 있으며 목욕물에 약간 풀어서
사용하면 피로감을 없애고 심신을 상쾌하게 해준다.

## 배숙

••• 배 1개, 대추 5~6개, 얇게 편으로 썬 생강 수북이
2큰술, 통후추 24알, 원당 2/3컵, 구운소금 1작은술,
물 3컵

1 배를 8조각으로 잘라 씨를 빼내고 등에 통후추를
3알씩 박아 넣는다.
2 대추는 씨를 빼고 얇게 썬다.
3 냄비에 배, 생강, 대추를 넣고 분량의 물을 붓는다.
4 원당과 소금을 넣고 배가 투명해질 때까지 중불에서
1시간 정도 푹 끓인다. 차게 먹어도 좋다.

# 덜 버리고, 덜 쓰며 자연과 벗하는 멋

예전에 요리학원 하던 시절 '음식물쓰레기를 어떻게 줄일 건가?'를 주제로
각계 전문가들이 모임을 가진 적이 많았습니다. 이런저런 얘기들을 많이 했지만
뚜렷한 대안을 찾지 못한 채 회의가 끝나곤 했습니다.
'내가 변하면 세상이 변한다'는 말은 내게 실질적인 삶의 방식을
일러주곤 합니다. 채식으로 먹성을 바꾸면서 얻은 효과는
음식물쓰레기를 줄이고 세제 사용을 적게 하며, 화석 연료로 데우는
뜨거운 물은 물론 물 사용을 줄입니다. 설거지나 음식 뒤처리가
그만큼 간편하고 수월하기 때문입니다.
자연과 가까워져서 자연이 주는 무한한 혜택을 누리려면 자연에 감사하고
잘 보살펴야 합니다. 채식과 자연식으로 밥상이 변한 후로 나는 더 많은 평화와
건강과 감사를 느끼게 되었고, 내 존재에 대한 자긍심이 높아지고, 물질에 대한
의존성이 낮아졌습니다.
껍질째, 뿌리째, 씨앗째 먹는 것은 건강과 생명에 도움을 주고 지구를 덜 더럽히고
물을 아끼는 결과를 가져옵니다. 오늘 잘 지내면 내일 더 좋은 시간을 맞이하리라는
것을 알게 되고 내가 선택한 삶의 만족도가 높아져가는 게 즐겁습니다.

# 살림음식으로 차린 2월 밥상

내 몸 살리는 두 번째 이야기

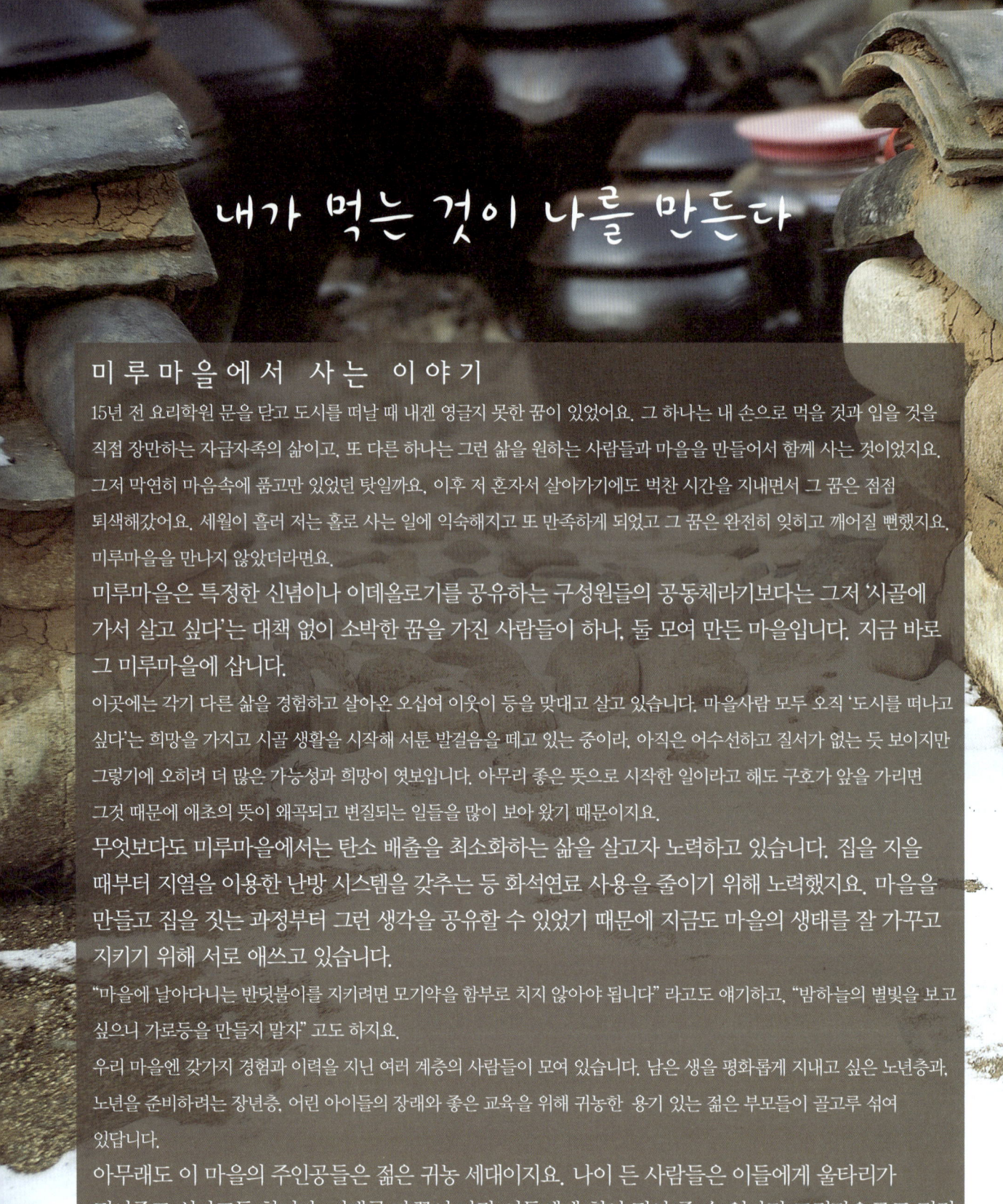

# 내가 먹는 것이 나를 만든다

## 미루마을에서 사는 이야기

15년 전 요리학원 문을 닫고 도시를 떠날 때 내겐 영글지 못한 꿈이 있었어요. 그 하나는 내 손으로 먹을 것과 입을 것을 직접 장만하는 자급자족의 삶이고, 또 다른 하나는 그런 삶을 원하는 사람들과 마을을 만들어서 함께 사는 것이었지요. 그저 막연히 마음속에 품고만 있었던 탓일까요. 이후 저 혼자서 살아가기에도 벅찬 시간을 지내면서 그 꿈은 점점 퇴색해갔어요. 세월이 흘러 저는 홀로 사는 일에 익숙해지고 또 만족하게 되었고 그 꿈은 완전히 잊히고 깨어질 뻔했지요. 미루마을을 만나지 않았더라면요.

미루마을은 특정한 신념이나 이데올로기를 공유하는 구성원들의 공동체라기보다는 그저 '시골에 가서 살고 싶다'는 대책 없이 소박한 꿈을 가진 사람들이 하나, 둘 모여 만든 마을입니다. 지금 바로 그 미루마을에 삽니다.

이곳에는 각기 다른 삶을 경험하고 살아온 오십여 이웃이 등을 맞대고 살고 있습니다. 마을사람 모두 오직 '도시를 떠나고 싶다'는 희망을 가지고 시골 생활을 시작해 서툰 발걸음을 떼고 있는 중이라, 아직은 어수선하고 질서가 없는 듯 보이지만 그렇기에 오히려 더 많은 가능성과 희망이 엿보입니다. 아무리 좋은 뜻으로 시작한 일이라고 해도 구호가 앞을 가리면 그것 때문에 애초의 뜻이 왜곡되고 변질되는 일들을 많이 보아 왔기 때문이지요.

무엇보다도 미루마을에서는 탄소 배출을 최소화하는 삶을 살고자 노력하고 있습니다. 집을 지을 때부터 지열을 이용한 난방 시스템을 갖추는 등 화석연료 사용을 줄이기 위해 노력했지요. 마을을 만들고 집을 짓는 과정부터 그런 생각을 공유할 수 있었기 때문에 지금도 마을의 생태를 잘 가꾸고 지키기 위해 서로 애쓰고 있습니다.

"마을에 날아다니는 반딧불이를 지키려면 모기약을 함부로 치지 않아야 됩니다" 라고도 얘기하고, "밤하늘의 별빛을 보고 싶으니 가로등을 만들지 말자" 고도 하지요.

우리 마을엔 갖가지 경험과 이력을 지닌 여러 계층의 사람들이 모여 있습니다. 남은 생을 평화롭게 지내고 싶은 노년층, 노년을 준비하려는 장년층, 어린 아이들의 장래와 좋은 교육을 위해 귀농한 용기 있는 젊은 부모들이 골고루 섞여 있답니다.

아무래도 이 마을의 주인공들은 젊은 귀농 세대이지요. 나이 든 사람들은 이들에게 울타리가 되어주고 싶다고들 합니다. 미래를 가꾸어 나갈 이들에게 힘이 되어 줄 수 있다면 그것만으로도 멋진 노년이 될 거라고도 합니다.

이 젊은이들은 힘들여 땅과 세상을 살리는 농사를 지을 것이고, 이들이 지은 올곧은 농산물이 도시인들의 식탁에 건강하게 오르도록 네트워크를 만들어 가는 일이 미루마을이 앞으로 해나가야 할 일입니다. 나 역시 그동안 내가 익혀온 음식 솜씨와 바느질, 그리고 소박하게 사는 법을 마을의 젊은이들과 나누고자 합니다. 그리고 그런 일이야말로 내 삶을 더 풍요롭고 여유 있게 만들어 줍니다. 그래서인지 이 마을에 살면서부터 나는 시도 때도 없이 "감사합니다" 라고 혼자 웅얼거리게 되었습니다.

# 장 담그는 아낙들의 손길

옛날엔 마을마다 집집마다 아이들과 어른, 노인들이 함께 살았기에 살림의 지혜나 솜씨가 자연스레
대물림되었지만 산업화 이후 핵가족화가 급속도로 진행되면서 이는 거의 불가능하게 되었지요.
다행히도 미루마을에서는 젊은이와 노인이 어우러져 살기에, 노인은 말할 곳이
있어 행복하고 젊은이는 들을 곳이 있어 행운이라 여깁니다.
지난가을, 우리 마을 사람들은 여주에 있는 한 옹기가마에서 질 좋은 항아리를 공동으로
구입했습니다. 집집마다 크고 작은 항아리들이 마당 한 모퉁이를 장식하고 있는 마을 풍경은 절로
미소가 흘러나오게 합니다.
겨울 초입엔 서툰 솜씨로 지은 농사지만 배추며 무를 수확해서 김장도 했지요. 도시에서는 볼 수
없었던 품앗이가 자연스럽게 살아나 김장을 하는 동안 온 마을 사람들이 이집 저집, 담 없이 일손을
더하고 정을 보냈고요. 몇몇 집은 마당 한켠을 파서 김장 항아리를 묻으며 함박웃음을 짓더군요.

마을 조경공사가 채 끝나지 않아 올해는 메주를 쑤지
못했습니다. 이제 곧 공사가 마무리되면 큼직한 가마솥도 걸고
황토방도 지어 함께 메주를 쑤고 띄울 작정이랍니다. 그때는
가을마다 콩 삶고 메주 쑤느라 마을에 잔치가 벌어지겠지요.
그날을 기대하며 올해는 거창 옹기뜸 골 믿음직한 농부님이 만든
메주를 사다 장을 담그기로 했답니다.
장맛을 결정하는 것은 첫째가 좋은 콩이고 둘째가 잘 뜬 메주와
소금입니다. 미루마을에서는 지난여름 옹기뜸 골 농부님의
안내로 우리나라에서 제일로 친다는 신안 하지소금을
미리 사두었답니다. 소금은 금이 간 항아리에 넣어두고 간수를 빼서 쓰면 더욱 맛도
좋고 몸에도 좋습니다. 묵으면 묵을수록 좋은데, 손으로 쥐어 보았을 때 물기 없이
뽀송뽀송하면 좋은 거예요.

2월 중순, 미루마을에서는 장 담그기 행사를 엽니다. 시끌벅적 온 마을사람들이 함께
어우러질 테니 일이라기보다는 마을 잔치가 될 것 같군요. 마을 아낙들 대부분이 태어나서
처음 장을 담그는 터라 아마도 난생 처음 씨 뿌려 농산물을 수확할 때와 마찬가지로 스스로 대견하고
뿌듯해지겠지요. 작지만 가슴 두근거리는 이런 기쁨이야말로 시골살이의 재미요, 선물 아닐까요.
잘 발효된 맛있는 된장과 간장은 우리 몸의 면역력을 키워주고 에너지를 활성화하며 힐링 효과를
가져다줍니다. 뜨거운 국물을 좋아하는 우리나라 사람의 밥상에는 된장국과 찌개가 필수지만 발효된
미생물, 살아있는 효모를 섭취하려면 된장이나 간장을 생으로도 많이 먹는 게 좋아요.
된장을 생으로 먹으려면 된장을 이용해 짜지 않은 소스나 양념을 만들어야 해요.
된장의 짠맛을 중화시키고 향기와 빛깔을 더해주는 조미료로는 오미자발효액만한
게 없지요. 단맛, 쓴맛, 신맛, 매운맛, 짠맛까지 다섯 가지 맛이 난다하여 오미자라는
이름이 붙었는데 항산화물질이 많아서 건강에 아주 좋습니다. 오미자 말린 것에 유기농
설탕시럽을 부어서 발효시킨 오미자발효액과 된장, 생으로 짠 들기름을 섞으면 맛이 썩 잘 어우러집니다.
오미자발효액을 좀 적게 넣어서 되직하게 만들면 쌈장이 되고, 오미자발효액을 넉넉히 부어서 흘흘하게
만들면 드레싱이 됩니다. 여기에 기호에 따라 들기름을 넣어도 좋고 넣지 않아도 좋습니다. 이렇게 만들어
둔 된장오미자소스는 비빔밥소스로, 샐러드드레싱으로, 쌈장으로 요긴하게 쓰입니다.
슬로푸드, 발효음식의 왕 격인 된장만 잘 활용해도 훌륭한 힐링 음식을 만들 수 있습니다.

## 메주 고르기

잘 뜬 메주를 고르는 것이 우선이다. 희고 노란 곰팡이가 골고루 핀 것,
갈랐을 때 켜가 층층이 보이는 것이 좋다. 잘 뜬 메주의 먼지를 물로 잘
씻어서 햇볕에 말린다. 소금물을 받을 그릇 위에 대소쿠리를 걸쳐 놓고
베보자기를 펼친 다음 그 위에 소금을 담고 바가지로 물을 떠 붓는다.
항아리에 깨끗이 씻은 달걀 하나를 띄워보아 달걀이 뜨는 정도로 염도를
측정한다. 보통 음력 정월장은 조금 슴슴하게 담아서 달걀이 백원짜리
동전만큼 뜨면 염도가 적당한 것이고, 음력 이월 말경이나 삼월초로
장 담그기가 늦어지면 염도를 조금 더 높여야 한다. 염도계로는
17~18도 정도가 적당하며 달걀은 오백원짜리 동전만큼 남기고
떠오르면 된다. 이렇게 소금물을 준비하는 동안 장 담글 항아리를
깨끗이 씻어서 뜨거운 물로 소독한 다음 햇볕에 일광 소독한다.
햇볕으로 하는 자외선 살균의 효과는 자연의 위대함을 느끼게 한다.

## 장 담그기

항아리가 준비되고 메주가 잘 마르고 소금물이 준비되면 항아리에 메주를
차곡차곡 넣고 받아둔 소금물을 붓는다. 이때 소금물이 흩어지거나
물방울이 튀지 않도록 아주 조심해 정성 들여 부어야 한다. 몸짓과
손짓에서 묻어나는 정갈한 기운이 장 맛에 영향을 주고 장의 성질을
좋게 만들기 때문이다. 소금물로 항아리가 가득 채워지면 메주 덩어리가
떠오르지 않도록 대나무로 질러두면 좋다. 고추와 숯을 띄운 다음 여러
해 동안 아껴 두었던 종자장을 한 보시기 보태어 넣고 베보자기를 덮어서
햇볕과 바람에 발효 숙성시킨다. 장의 맛을 좋게 하는 데는 물과 바람,
햇볕이 큰 몫을 한다. 두세 달 동안 잘 발효시킨 다음 장 가르기를 해서
간장과 된장을 나누고 100일 이상 숙성시키면 맛있는 장이 된다.

# 맛 이 든 된 장 으 로 차 린 밥 상

잘 발효된 맛있는 된장은 우리 몸의 면역력을 키워주고 에너지를 활성화하며 힐링 효과를 가져다줍니다. 발효된 미생물, 살아있는 효모를 섭취하려면 장을 생으로도 먹는 게 좋아요.

순무버섯다시마된장찜

감자된장부침

상수리묵된장샐러드

된장오미자소스
과일채소비빔밥

맑은된장찌개

된장을 주제로 한 우리나라 음식 중 먹어도 먹어도 질리지 않는 것이 된장국과 **된장찌개**인데, 잘 익은 된장은 여러 재료 필요 없이 갓 딴 호박 하나만 넣고 끓여도 맛있지요. 주로 멸치국물을 많이 쓰지만 멸치 맛이 된장 향을 가리니 약초맛물을 연하게 끓여서 된장찌개 국물로 쓰고 신선한 애호박과 두부, 버섯을 넣고 슴슴하게 끓이면 개운하고 시원한 맛이 납니다.

된장의 효모를 그대로 섭취하면 몸 안 에너지를 활성화할 수 있습니다. **된장소스로 비빔밥**을 만들면 좋은데 계절 채소와 과일을 채썰어서 오미자발효액을 넣은 된장오미자소스로 비벼 먹는 비빔밥은 한 달 내내 먹어도 질리지 않는다고들 하죠.

**순무**의 달착함과 시원함을 최대한 살리고 **버섯과 다시마**로 기품을 더한 **된장찜**은 아주 가벼운 맛이 나도록 된장을 조금만 넣어 향을 살린 조리법인데 정갈하고 깨끗한 맛이 깊은 산사의 밥상에 어울림직합니다.

치자의 노란색과 목이버섯의 검은색이 조화로운 **감자된장부침**은 짭조름한 게 밥도둑이랄 만큼 입맛을 돋워주고 **묵과 어린잎채소에 끼얹은 된장드레싱**은 고급스러운 맛을 더해줍니다.

현미밥을 지어서 **찐 채소와 된장소스**만 곁들여도 훌륭히 한 끼 식사가 되고 가벼운 나들이에 도시락으로도 안성맞춤입니다. 연한 약초맛물에 슴슴하게 끓인 달착한 **시금치된장국**을 곁들이면 아주 잘 어울립니다.

## 약초맛물 만들기

육수 대신 쓰는 약초맛물은 약재라기보다 들에서 보기 쉬운 초재들로 오가피, 감초, 황기, 당귀, 칡뿌리, 유근피, 둥굴레가 주재료다. 화학 첨가물 섭취로 생긴 노폐물을 씻어주고 몸의 순환을 도와주는 재료들로 생협이나 농협에서 쉽게 구할 수 있다.

이 재료들을 기호에 따라 양을 가감해가며 80g 정도가 되도록 적당히 섞은 뒤 5ℓ의 물을 부어 끓이면 된다(약초맛물 패키지는 '농부로부터 www.fromfarmers.co.kr'에서 판매한다). 끓기 시작해 15~20분 지나면 맛물이 완성된다. 더 오래 끓이면 약 맛이 나기 때문에 옅은 보리차 정도의 빛깔로 우러나면 적당하다. 재료는 3~4회 정도 재탕할 수 있는데 건진 재료들을 냉동실에 두었다가 필요할 때 다시 끓이면 된다. 각종 국물요리는 물론 밥물과 김치 담글 때도 두루 사용한다.

### 된장오미자소스 과일채소비빔밥

••• 현미밥 4공기, 쌈 채소 6줌, 사과·단감 1/2개씩
**된장오미자소스}** 된장 4큰술, 오미자발효액 6~7큰술, 생들기름 1큰술

1 약초맛물로 밥물을 잡아 현미밥을 짓는다.
2 쌈 채소는 잘게 썰거나 손으로 잘게 뜯어놓고, 사과와 단감은 곱게 채썬다. 사과는 곱게 채썰어서 소금물에 5분 정도 담갔다가 건져서 물기를 뺀다.
3 된장에 오미자발효액과 생들기름을 넣어 잘 섞는다. 식성에 따라 청양고추를 다져 넣어도 좋다.
4 현미밥에 쌈 채소를 얹고, 채썬 단감과 사과를 건져 가지런히 담아 만들어 둔 된장오미자소스를 끼얹는다.

순무의 달착함과 시원함, 버섯과 다시마의
깊이를 더한 된장찜은 아주 가벼운 맛이
나도록 된장을 조금만 넣어 향을 살립니다.
순무 대신 무를 넣어도 맛있죠.

### 순무버섯다시마된장찜

••• 순무 1/3개, 느타리버섯 2줌, 다시마 3~4조각, 된장 1큰술,
약초맛물 2컵

1 순무는 껍질째 2cm 두께로 4등분하여 썰고, 느타리버섯은 모양대로
손질한다. 다시마도 순무와 같은 크기로 네모지게 썰어둔다.
2 냄비에 약초맛물을 붓고 된장을 잘 푼 다음 준비한 재료를 넣고 센 불에서
5분 정도 끓인다. 순무가 익으면 불을 낮추고 양념물을 끼얹어가며 맛이
충분히 배도록 서서히 졸인다.

### 감자된장부침

••• 감자 2개, 생목이버섯 4개, 풋고추·홍고추 1개씩,
치자 열매 3개, 쌀부침가루 1컵, 된장 1큰술, 현미유 1/3컵, 물 1컵

1 감자는 가늘게 채썰고 생목이버섯은 잘게 썬다. 풋고추,
홍고추는 다진다.
2 치자 열매는 반으로 쪼개 미지근한 물에 20분 정도 담가 노란
물이 우러나면 껍질을 건져내고 된장을 풀어둔다.
3 준비한 재료에 쌀부침가루를 붓고 가볍게 버무려 가루가
재료에 골고루 묻으면 된장 푼 치자물을 넣어 반죽한다.
4 뜨겁게 달군 팬에 현미유를 두르고 반죽을 한 숟가락씩 떠서
동글납작하게 지진다.

### 상수리묵된장샐러드

••• 상수리묵가루 1/2컵, 적채 2장, 어린잎채소 2줌, 구운소금 1작은술,
참기름 1/2큰술, 물 3컵
**된장오미자드레싱**} 된장 1큰술, 오미자발효액 2큰술, 현미식초 1큰술,
다진 풋고추·다진 홍고추 조금씩

1 냄비에 물과 상수리묵가루를 넣고 중불에서 나무주걱으로 저어가며 끓인다.
2 끓기 시작하면 불을 낮추어 뜸을 들이다가 서로 어우러져 탄력이 생기면
소금과 참기름을 넣어 살짝만 더 끓인다. 유리용기에 부어 굳혀 묵을 완성한다.
3 묵 1/2모를 5cm 길이로 도톰하게 썰고, 적채는 가늘게 채썬다.
4 어린잎채소는 씻어 체에 밭쳐둔다.
5 어린잎채소, 적채, 묵을 보기 좋게 담고 된장오미자드레싱을 끼얹는다.

약초맛물을 연하게 끓여서 된장찌개 국물로
쓰고 애호박과 두부, 버섯을 넣고 슴슴하게
끓이면 개운하고 시원한 맛이 좋아요.

### 맑은 된장찌개

••• 감자 1/2개, 애호박 1/4개, 두부 1/4모, 느타리버섯 5개, 청양고추 1개,
된장 2큰술, 약초맛물 2컵

1 감자, 애호박, 두부는 사방 1cm 크기로 깍둑 썰고, 고추는 동글동글하게
송송 썬다.
2 느타리버섯은 손으로 찢어둔다.
3 뚝배기에 약초맛물을 붓고 된장을 잘 푼 다음 감자와 느타리버섯을 넣어
센 불에서 끓이다가 감자가 익을 즈음 애호박, 두부, 고추를 넣고 한소끔 더
끓인다.

✚ 된장찌개는 스르르 끓이는 것보다 푹 끓이는 게 깊은 맛이 난다.

### 시금치된장국

••• 시금치 4줌, 된장 2큰술, 약초맛물 10컵

1 시금치는 끓는 물에 살짝 데친 후 찬물에 헹궈 소쿠리에 밭쳐둔다.
2 약초맛물에 된장을 잘 풀어서 푹 끓인 다음 된장 맛이 깊어지면 데친 시금치를 넣어 한소끔 끓인다.

### 모둠채소현미쌈밥

••• 양배추 1/4개, 깻잎 30장, 적채 1/8개, 비트 1/2개,
노란 파프리카 · 빨간 파프리카 1/4개씩,
연근 · 무 5~6조각씩, 현미밥 적당량
**된장쌈장**} 된장 · 오미자발효액 2큰술씩, 생들기름 1큰술

1 찜솥에 물을 붓고 물이 끓기 시작하면 양배추, 깻잎, 적채, 비트를 넣고 찐다. 무른 순서대로 꺼낸다.
2 파프리카, 연근, 무는 먹기 좋은 크기로 썬다.
3 된장쌈장을 만들어 현미밥과 준비한 재료들을 먹기 좋게 담는다.

말린부지깽이나물

말린삼나물무침

말린토란줄기나물

말린죽순나물

말린참고비나물

산나물 다섯 가지

대보름밥

겨우내 움츠려 있던
생명을 일깨우는 축제
대보름밥과 묵나물

장 담그기를 끝낼 무렵이 되면 달이 차올라서 달빛이 형형해지는 대보름이 됩니다. 햇빛 못지않게 달빛도 중요하기에
대보름 밤이면 일부러 장 항아리 뚜껑을 열어 달빛이 가득 들게 하고 찬이슬을 맞혀 맑고 정한 기운이 돌게 합니다.
이처럼 우리 조상들은 달빛 한 줄기, 이슬 한 방울도 허투루 대하지 않았지요.
농사를 짓고 사는 이들에겐 정월대보름이란 굉장히 중요한 절기이며 축제예요. 그동안 모질고 거친 찬바람에 움츠려
있었던 뭇 생명이 기지개를 켜며 몸을 움직이기 시작하는 때이기 때문이죠. 그래서 미네랄이 듬뿍 들어 있는 오곡밥과
묵은나물을 온 이웃이 나누며 빛과 불의 축제를 벌입니다.
오곡밥에는 오방색이 지닌 건강한 생명의 기운을 몸 가득 채우고자 한 기원이 담겨 있고, 한 해 동안 평안하기를 바라는
소망도 담겨 있습니다. 바람과 햇볕에 잘 말려두었던 묵은나물로 나물을 만들어서 오곡밥과
곁들이는데 맛있는 집간장만 있으면 다른 양념은 전혀 필요 없습니다.
예로부터 정월대보름날은 약밥을 지어서 먹는 풍습이 있는데 약이 될 만한 재료들을 찹쌀과 차조, 수수와 함께 버무려서
꼬들하게 밥을 지어 굳히면 훌륭한 간식거리가 됩니다.

### 대보름밥

••• 불린 찹쌀 3컵, 삶은 팥과
불린 차조 · 수수 · 기장 2큰술씩,
약초맛물 3컵, 구운소금
1/2작은술

1 밥솥에 찹쌀과 팥, 소금을
섞어 담는다. 그 위에 차조,
수수, 기장을 나누어 담은 후
약초맛물을 부어 밥을 짓는다.
2 다 된 밥을 보기 좋게 담는다.

### 산나물 다섯 가지

••• 말린 토란줄기 · 말린 삼나물 · 말린 부지깽이 · 말린 참고비 ·
말린 죽순 한 줌씩, 집간장 10큰술, 참기름 3작은술, 생들기름 4작은술,
깨소금 · 생들깨가루 1작은술씩, 물 20큰술

1 말린 산나물들은 전날 물에 충분히 불려서 다음 날 불린 물 그대로 불에 올려
10분 정도 삶은 다음 찬물에 헹구어 물기를 뺀다.
2 토란줄기, 삼나물, 부지깽이는 간장 2큰술, 참기름 1작은술씩 넣고 참고비,
죽순은 간장 2큰술, 생들기름 2작은술씩 넣고 조물조물 무친다.
3 각각의 나물을 냄비에 넣고 잠시 볶다가 물 4큰술씩 넣고 중불에서 뜸 들인다.
4 따로 볶은 나물을 한 접시에 담고 기호에 따라 깨소금과 생들깨가루를 뿌린다.

### 말린가지 · 애호박 · 무말랭이무침

••• 말린 가지 · 말린 애호박 · 무말랭이 2줌씩, 집간장 6큰술, 참기름 2작은술,
생들기름 1/2큰술, 다진 홍고추 1작은술, 현미식초 1큰술, 생들깨가루 1/2큰술

1 말린 가지와 애호박, 무말랭이를 따뜻한 물에 넣고 20분 정도 불린다.
2 불린 가지를 뜨거운 물에 살짝 데친 다음 찬물에 헹궈 물기를 짠다.
애호박과 무말랭이도 물기를 짜놓는다.
3 가지에 간장 2큰술과 참기름 1작은술을 넣어 무친다.
4 애호박에 간장 2큰술과 참기름 1작은술, 다진 홍고추를 넣어 무친다.
5 무말랭이에 간장 2큰술과 생들기름, 식초, 생들깨가루를 넣어 무친다.
6 무친 세 가지 나물을 보기 좋게 담는다.

### 약밥

••• 불린 찹쌀 3컵, 차조 · 수수 1/2컵씩, 황률 · 은행 15개씩, 대추 5개, 다진 생강
3큰술, 원당 1과1/2컵, 집간장 4큰술, 참기름 3~4큰술, 물 2컵

1 황률은 미지근한 물에 불리고, 대추는 씨를 빼고 6등분으로 썬다.
2 압력솥에 씻어 순비한 곡식과 황률, 대추, 은행, 다진 생강을 한데 넣고 분량의
원당, 간장, 물을 부어 밥을 짓는다.
3 약밥이 다 되면 참기름을 넣고 고루 섞은 다음 식으면 먹기 좋은 크기로 썬다.
계피가루를 같이 섞어도 맛있다.

말린가지무침

무말랭이무침

말린애호박무침

# 바 느 질 하 며   생 각   덜 기

분주한 일상을 보내다 보면 시간과 시간 사이, 여백이 생길 때가 있어요. 무슨
일을 벌이기엔 좀 모자라고, 그냥 멍하니 있기엔 조금 아까운 느낌이 드는 그런
자투리 시간이 생길 때면 저는 가까이 두었던 바느질 그릇을 끌어당겨요. 씻어서
적당히 잘라두었던 무명천을 바느질해 행주나 냅킨, 식탁 매트를 만들지요.
무명천의 올을 풀기만 해도 멋진 냅킨이 되고 굵은 색실을 이용해
성글게 홈질을 해주면 식탁 매트나 키친타월, 다보로도 쓰입니다.
면보로 키친타월을 넉넉히 만들어 두면 종이 사용도 줄이고 더 건강하고
깨끗해서도 좋지만 부엌 한켠에 정갈히 쌓아두는 것만으로도 마음이 흡족하고
안정되며 기분이 좋아집니다.  보송하게 잘 마른 깨끗한 행주는 부엌을 환하게
해주어서 부엌일을 즐기게 만듭니다.
내게는 이런 바느질이 휴식이며 사색의 시간이 됩니다.
바느질거리를 잡고 있을 땐 마음이 고요해지고 두뇌가 쉬며 숨결도
차분해져서 금방 기운을 얻어요.
나에게 바느질은 무엇을 완성시키기 위한 일이 아니라 휴식과 힐링의 시간입니다.

# 살림음식으로 차린
## 3월 밥상

내 몸 살리는 세 번째 이야기

네가 먹는 것과 나는 하나입니다

## 대지의 에너지를 품은 생명의 먹을거리

입춘이 지났는데도 서릿발처럼 서걱거리는 봄샘 추위가 자주 찾아듭니다. 짱짱했던 겨울 추위보다도 이 봄샘
바람이 더 시린 듯하여 자꾸만 옷깃을 여미고, 어깨를 움츠리게 되네요. 그래도 머지않아 나른한 햇살이
뼛속까지 간지럼을 태울 날이 올 것을 알기에 견딜 만합니다.

언 땅을 비집고 올라온 시금치, 냉이, 봄동을 보면 군침이 돕니다. 시금치는 겨우내 추위를 많이 탔는지 뿌리가
발갛습니다. 발밑에 지천인 냉이를 보며 군침을 흘리는 내 모습이 민망합니다. 언 땅을 비집고 뾰족하게 싹을
내민 저 아이들을 먹을 생각으로 행복해하는 모습이 좀 부끄럽습니다. 그래도 발걸음을 옮길 때마다 눈에
띄는 이른 봄채소는 보는 것만으로도 포만감이 느껴집니다.

모진 냉기와, 딱딱한 얼음 땅을 비집고 나온 파릇한 생명력이 놀랍고 신비롭습니다. 어둠이
깊을수록 새벽이 가깝다는데 바람의 날이 설수록 봄이 가까워져서 마침내 저 생명들이
세상으로 몸을 드러내었네요. 딱딱한 나무껍질을 뚫고 나온 잎들과 돌 틈 사이로 흙을
뚫고 나온 새싹들을 보면 생명의 힘이 지닌 경이로움에 오싹할 정도예요.

겨우내 눈에는 보이지 않아서 있는 줄도 몰랐던 생명의 포자들이 때가 되면 일제히 초록의 몸을 드러내는
것을 볼 때마다 자연의 창조력에 놀랍니다.

이들이 굳은 땅을 뚫고 초록의 싹으로 몸을 바꾸기까지, 그리고 내 밥상에 오르기까지 서로 다투어서 생명을
내어준 바람과 비와 햇볕과 흙의 자양분이 자꾸만 생각납니다.

내 생명도 이와 비슷한 경로를 거쳐서 세상 안으로 들어왔고, 나의
몸이 이들의 도움을 빌어서 사람의 형태로 움직이고 있다는 엄청난
사실이 이들 먹을거리 앞에서 옷깃을 여미고 숙연해지게 만듭니다.
요즘은 하우스 재배가 일반화되어 채소도 과일도 계절을 잊은 지가
하 오래인지라 도시에서는 특별히 봄 기운을 느낄 겨를이 없기도
합니다.

이곳 미루마을에서는 지난겨울 눈 쌓인 겨울 산을 원 없이
보았습니다. 그리고 이제 겨울 동안 경작을 멈추고 휴면기에
들어간 밭이 마음 놓고 쉬는 사이 밭 한켠에서 생명을 지키고
키워온 시금치와 널부러진 봄동, 파릇하게 솟는 냉이를 보며 봄을
마중합니다.
그 초록색 채소를 씻어서 소쿠리에 한가득 담아두면 보기만 해도
생명력이 솟아오릅니다. 그것으로 밥도 짓고 국도 끓이고 겉절이도
하고, 부침개도 부쳐 먹으면서 겨울 동안 움츠렸던 몸과 마음에
활기를 불어넣지요.
'내가 먹는 것이 내 몸을 만든다'고 합니다.
내 몸에 흐르는 에너지와 세포들의 활동은 내 마음과
생각에 흔적을 남기고 영향을 끼칩니다. 몸과 마음과
영혼은 하나입니다. 내가 먹는 것과 나는 하나입니다.
내가 먹고 사는 삶의 방식은 나의 세계를 반영하지요.
내 먹이가 되어준 이 건강한 나물들에게 감사한 마음이 절로
일어나는 순간입니다.

언 땅을 비집고 나온 냉이, 시금치, 봄동은
생명력이 놀랍고 신비롭습니다. 겨우내
있는 줄도 몰랐던 생명의 포자들이 일제히
초록의 몸을 드러내는 것을 보면 자연의
창조력에 숙연해지네요.

# 언 땅에서 처음 나는 봄나물의 계절

설 지나면 바로 입춘이 오고 봄의 시작을 알리면서 제일 먼저 보이는 재배 채소는 봄동이지요. 넘실거리는
푸른 바다를 배경으로 한가로이 널부러진 봄동이 가득한 남녘으로부터 우리나라의 봄이 시작됩니다.
이렇게 우리나라의 남녘 끝 땅, 해남에서 시작된 따사로운 봄기운은 북녘으로 타오르고 서에서 동으로 번져
나갑니다.
봄동은 노지에서 나는 것으로 모진 겨울바람을 이기느라 아무래도 섬유질이 억세고
초록의 농도도 짙은 채소지요. 결구배추보다 구수하고 들큰한 맛이 많아서 봄날 입맛을
돋우기엔 안성맞춤이에요. 비타민과 칼슘이 많고 달큰한 맛을 내는 아미노산이 풍부하며,
섬유질이 많아서 위와 장을 청소해주기도 하니 아주 이로운 채소입니다. 봄동으로는 흔히
겉절이를 하지만 봄동을 넉넉히 넣고 밥을 짓거나 콩가루를 풀어 넣고 국을 끓여도 참 맛있습니다.
해남에서 조금 올라오면 신안 앞바다 비금도에서 키운, 비금초라고도 하고 섬초라고도 하는 맛있는 시금치를
만날 수 있어요. 길이가 짤막하고 초록색이 진하며 뿌리가 빨갈수록 맛이 더 좋죠. 겨울 시금치로는 섬초를
제일로 꼽지만 이에 못지않은 것이 포항 앞바다에서 재배되는 포항초이고 남해 해풍을 맞고 자란 남해초도

뒤지지 않아요. 섬초, 남해초, 포항초는 저마다 재배되는 장소에 따라 붙은 이름인데 하나같이 소금기 머금은 모진 바닷바람을 이겨낸 시금치여서 달큰한 겨울 시금치 맛을 제대로 선보입니다. 시금치에는 철분과 비타민, 미네랄도 많다지요.

봄동이나 시금치가 봄 마중 채소라면 어디든지 흙이 있는 곳이라면 제일 먼저 솟아나는 질경이와 민들레와 냉이는 봄을 알리는 풀이에요. 질경이는 정말 생명력이 끈질겨서 밟혀도 밟혀도 무성하게 자라나고, 온 세상에 생명을 퍼뜨립니다. 약성이 많지만 그냥 두면 온 마당을 덮어 버리기 때문에 보이는 족족 뽑아냅니다. 그래도 먹는 데 모자라지 않을 만큼 무성해져요. 마당 가까이 핀 민들레는 고이 모셔 둡니다. 잎도 먹고 꽃도 볼 수 있으니 좋지요. 냉이도 꽃이 이쁘니까 캐내진 않고 자주자주 뜯어 먹지요. 이른 봄부터 4, 5월경까지 먹을 수 있어요. 아주 어린 싹은 샐러드로 먹기도 하지만 주로 나물을 해먹고 부침으로도 먹고 국이나 찌개를 끓이기도 합니다.

미루마을에서는 요즘 농사 준비가 한창입니다. 올해는 봄나물을 준비하지 못했지만 차츰 제철 채소와 버섯 등을 재배하여 꾸러미를 만들어 도시에 사는 지인들과 나눌 생각으로 한창 꿈에 부풀어 있습니다. 그리고 우리가 직접 재배한 유기농 채소들로 만든 반찬을 꾸러미에 채워줄 생각입니다. 건강하고 맛있는 친정엄마의 솜씨를 담은 김치와 장아찌, 밑반찬을 나누려고 해요.

도시인들이 바빠서 미처 챙기지 못하는 건강한 먹을거리를 제공하고, 도시인들이 누리는 경제성과 문화혜택을 공유하자는 뜻으로 열심히 준비하고 있습니다.

시금치자물전과
냉이전

냉이콩가루찜무침

시금치나물 세 가지

미나리양념현미밥

시금치토마토버섯잡채

# 섬초와 미나리, 냉이로 차린 향긋한 밥상

"이른 봄에 먹는 미나리는 피를 맹근데이, 마이 묵으라!"

제가 지금 제 딸아이 나이였을 무렵 음식 솜씨가 뛰어난 친구 어머니가 미나리겉절이와 절절 끓는 된장찌개를

상에 내며 하시던 말씀이 잊히지 않아요. 그때 맛본 미나리의 향기도 함께 늘 기억 속에 남아 봄이 왔다 싶으면

미나리양념장에 비빈 현미밥을 즐겨 먹어요. 생들깨를 넉넉히 넣고 신선한 생들기름을 조금 붓고 식초를 한 방울

떨어뜨려 상큼함을 더해주면 입맛이 확 돌아오지요.

햇빛을 좋아하는 나는 상을 차릴 때 색을 중요하게 생각합니다. 태양의 빛을 상에 담아내고 싶어서 포항초와

빨간 토마토, 검자주색 가지와 하얀 새송이버섯, 노르스름한 당면을 사탕수수 원당과 간장을 넣고 현미유로 가볍게

볶은 잡채로 상을 화사하게 꾸며보지요. 고소한 날콩가루를 듬뿍 넣어 지진 치자물 들인 시금치전과 냉이전,

된장과 생들기름, 고추장과 식초, 집간장과 참기름 이렇게 세 종류의 양념장으로 무친 시금치나물은 상을 깔끔하게

마무리해줍니다.

여름날 즐겨 먹는 꽈리고추찜이 생각나서 같은 방법으로 냉이찜무침을 해 보았는데 그 맛이 일품이네요.

냉이를 잘 다듬어서 물기를 약간 남겨둔 상태로 날콩가루를 문혀 살짝 쪄낸 다음에 초간장으로 버무리니

고소하면서도 상큼하고, 향긋해 더없이 만족스럽습니다.

## 미나리양념현미밥

••• 현미밥 4공기

**미나리양념장}** 미나리 한 줌, 생들깨 수북이 4큰술,
집간장·현미식초 4큰술씩, 생들기름 2큰술

1 현미밥을 지어 비벼 먹기 좋은 그릇에 담는다.
2 미나리 잎은 따로 뚝뚝 떼고 줄기는 먹기 좋은
길이로 썬다.
3 준비한 미나리에 생들깨, 간장, 식초, 생들기름을
섞은 양념장을 만들어 곁들인다.

✛ 생들깨를 절구에 빻거나 분쇄기에 갈아서 양념장을
만들면 고소하고 흡수도 잘된다.

## 냉이콩가루찜무침

••• 냉이 2줌, 생콩가루 1컵,
생들깨·생들기름·현미식초 1큰술씩,
집간장 1과1/2큰술

1 깨끗하게 다듬어 씻은 냉이에 생콩가루를 가볍게
버무려 김이 오르는 찜기에 얹고 10분~15분 정도
생콩가루가 익어 투명해질 정도로만 살짝 찐다.
2 다 쪄진 냉이는 뚜껑을 열고 식혀서 생들깨,
생들기름, 간장, 식초를 넣어 무친다.

섬초, 남해초, 포항초는 하나같이 소금기
머금은 모진 바닷바람을 이겨낸 시금치여서
달큰한 맛이 좋습니다.

### 시금치치자물전과 냉이전

••• 시금치·냉이 한 줌씩, 치자 열매 2개, 생콩가루 1과1/2컵, 통밀가루
1컵, 구운소금 1작은술, 현미유 1/3컵, 물 2컵

1 시금치와 냉이는 깨끗이 다듬어 씻은 후 물기를 빼둔다.
2 치자 열매는 반으로 쪼개 1컵의 물에 30분 정도 담가둔다.
3 생콩가루 1/2컵에 통밀가루 1/2컵을 섞은 가루에 치자물 1컵을 부어
반죽하고, 같은 분량의 가루에 물 1컵을 부어 반죽하여 각각의 반죽옷을
만들어둔다. 각 반죽옷에는 소금 1/2작은술씩을 넣어 간을 한다.
4 시금치와 냉이에 남은 생콩가루를 가볍게 입힌 다음 시금치에는
치자물 반죽옷을 입히고 냉이에는 물 반죽옷을 입혀 달군 팬에 현미유를
두르고 노릇하게 지진다.

## 시금치나물 세 가지

••• 시금치 6줌

**된장양념}** 된장 1/2큰술, 생들기름 1큰술

**간장양념}** 집간장 1큰술, 참기름 1작은술

**고추장양념}** 고추장 1큰술, 현미식초 1과1/2큰술, 통깨 1작은술

1 깨끗하게 다듬은 시금치를 가지런히 정리해 끓는 물에 줄기부터 넣어 재빨리 데쳐낸다. 데친 시금치를 찬물에서 헹군다.

2 데친 시금치를 물기를 가볍게 짠 다음 1/3은 된장양념, 1/3은 간장양념, 나머지는 고추장양념으로 무친다.

✚ 모든 생나물을 데칠 때는 줄기부터 넣는다. 데친 후에는 흐르는 찬물에 식혀서 건진다.

## 시금치토마토버섯잡채

••• 시금치 2줌, 토마토 1개, 새송이버섯 1개, 가지 1/2개, 청양고추 1개, 당면 2줌, 집간장·원당 2~3큰술씩, 현미유 2큰술

1 시금치는 깨끗하게 손질하여 씻어두고, 토마토는 큼직하게 썬다. 청양고추는 동글동글 썰고 당면은 미지근한 물에 10분 정도 불렸다가 끓는 물에 데쳐서 찬물에 헹군다.

2 새송이버섯은 4등분하여 도톰하게 썰고 가지도 같은 크기로 썰어 기름을 두르지 않은 팬에서 굽는다.

3 달군 팬에 현미유를 두르고 토마토, 가지, 새송이버섯, 당면, 시금치 순으로 넣어 볶으면서 간장과 원당으로 양념한다. 송송 썬 청양고추는 그릇에 담기 직전에 넣는다.

봄동된장소스샐러드

봄동무침

봄동묵들깨샐러드

봄동목이버섯밥

봄동콩가루된장국

# 봄동으로 차린 건강한 밥상

어떻게 하면 일거리를 줄이면서도 건강하고 맛있는 밥을 손쉽게 만들까가 궁리거리인 나는 잡곡에 나물을 넣고
지은 밥을 좋아해요. 여러 종류의 잡곡을 넣어서 영양의 밸런스를 맞추고, 건강한 색도 맞추고 향과 맛도 맞춘
나물밥에 양념장을 얹어 먹으면 그것만으로도 부족함이 없지요.
봄동과 함께 애송이버섯과 목이버섯을 넣고 약초맛물로 밥을 지으니 마치 약이 된 맛있는 밥을 먹는 느낌이지요.
이리 먹으면 아무 부족함이 없지만 그래도 아쉬움이 있으면 생콩가루를 넣어 푹 끓인 봄동된장국과 샐러드처럼
무친 신선한 봄동샐러드를 함께 곁들여요. 집에 남아 있던 상수리가루에 오디가루와 복분자가루를 섞어 묵을 쑤니
색이 곱고 향기로운 묵이 만들어졌어요. 이 묵을 봄동과 함께 들깨간장소스로 무치면 상큼합니다. 상수리가루가
없을 땐 메밀묵가루로 만들어도 좋아요. 봄동을 슬쩍 데쳐서 간장과 깨소금으로 가볍게 무친 봄동무침은 봄을
느끼기에 충분합니다. 입맛이 없거나 으슬으슬 추울 때, 아침밥이 잘 안 넘어갈 때는 약초맛물에 봄동과 호두를 넣고
죽을 쑤어 보세요. 고소하고 달착한 맛에 자꾸자꾸 손이 가게 됩니다.
늘 먹는 음식이 보약처럼 느껴질 때 '나의 몸과 마음이 힐링되는구나' 싶은 편안함이 찾아듭니다. 잘 먹고 잘 쉬면
힘들고 어렵게 여겨지던 일도 언제 그랬나 싶게 넘어가 있곤 하지요. 음식을 먹으면서 치유되는 느낌이 들 때는
삶이 행복한 시간들로 채워져 있다는 걸 알게 됩니다.

## 봄동목이버섯밥

••• 불린 잡곡쌀 2컵, 봄동 2줌, 애송이버섯
한 줌, 목이버섯 4개, 약초맛물 2컵

1 봄동은 한입 크기로 썰고, 애송이버섯은
모양 그대로 얇게 썰고, 목이버섯은 손가락
한 마디 크기로 썬다.
2 밥솥에 불린 잡곡쌀을 담고 준비한 재료를
부기 좋게 얹어 약초맛물을 부어 밥을
짓는다.

## 봄동호두죽

••• 불린 현미 2컵, 봄동 2줌, 다진 호두 2큰술,
구운소금 1/2큰술, 약초맛물 8컵

1 하룻밤 불린 현미를 믹서에 갈아둔다.
2 봄동은 다듬어 씻은 후 먹기 좋은 크기로 송송
썬다.
3 갈아둔 현미에 약초맛물을 부어 나무주걱으로
저어가며 끓이다가 어느 정도 익으면 중불로
낮추어 송송 썬 봄동을 넣고 끓인다.
4 죽이 어우러지면 약불에서 뜸을 들이다가 다진
호두를 넣고 소금으로 간을 맞춘다.

남은 봄동
활용 요리

봄동을 슬쩍 데쳐서 간장과
깨소금으로 가볍게 무치면 봄을
느끼기에 충분합니다.

### 봄동된장소스샐러드

••• 봄동 2줌
**된장소스)** 된장·생들기름 1큰술씩,
현미식초 1큰술

1 크기가 작은 봄동을 깨끗하게 다듬어 씻어
썰지 않고 그대로 준비한다.
2 준비한 봄동을 된장과 생들기름, 식초를
섞은 된장소스로 살짝 버무린다.

### 봄동무침

••• 봄동 2줌, 집간장 1큰술,
깨소금 1/2큰술

1 봄동을 끓는 물에 살짝 데쳐
찬물에 헹군다.
2 데친 봄동을 물기를 가볍게 짜고
큰 것은 먹기 좋게 찢어 간장과
깨소금을 넣어 무친다.

66

### 봄동콩가루된장국

••• 봄동 4줌, 생콩가루 1/2컵, 된장 2큰술,
약초맛물 10컵

1 봄동을 살짝 데쳐 찬물에 헹궈 물기를 가볍게
짠다.
2 준비한 봄동에 생콩가루와 된장을 넣어
버무린 다음 약초맛물을 부어 중불에서 30분
정도 푹 끓인다.

### 봄동묵들깨샐러드

••• 봄동 2줌, 상수리묵(복분자가루와 오디가루로 쑨) 1/2모
**들깨간장소스}** 생들깨·집간장·현미식초 2큰술씩,
생들기름 1큰술

1 봄동은 한입 크기로 썬다. 묵은 사방 1cm 크기로 깍뚝
썰어 먹기 좋게 담는다.
2 들깨간장소스를 만들어 봄동과 묵에 끼얹는다.

* 상수리묵 만드는 법은 p.49에 있습니다.

약초맛물 냉이 온국수

약초맛물 봄동 우동

멸치육수 대신 약초맛물로
온화한 기운을 더한
봄나물 국수상

깨끗한 음식을 즐겨 먹으면 피가 맑아지는 것 같아요. 몸이 가볍게 느껴지고 순환이 잘되는 느낌이
들거든요. 이럴 때, 바깥에서 음식을 사먹으면 금세 몸이 무거워지고 잠이 오며 불쾌한 느낌이 들곤
해요. 그래도 외출해 식사시간이 되어 시장기가 찾아들면 뜨끈한 우동국물이나 잔치국수 국물이
생각날 때가 있어요. 하지만 먹고 나면 비릿한 멸치국물 맛이 개운하지 않아서 '멸치를 안 쓰고 맛있는
국물을 만들 순 없을까?' 생각하게 되고, 그렇게 해서 만들어진 게 이 우동과 국수예요.
둥굴레와 구기자, 오가피, 감초, 당귀 등을 적당히 섞어 연하게 끓여 차로도 마시지만 국물요리를 만들
때 기본국물로도 씁니다. 입 안에 감도는 향긋한 향에 국수를 말아 양념장을 넣고 후루룩 먹으면 금세
온몸이 따스해지고 행복한 느낌이 들어요.
봄동이 곁에 있으니 애호박과 감자와 버섯을 넣고 우동생면을 넣어 끓입니다. 우동은 달착지근한
맛을 포기하기가 어려워요. 그래서 이들 채소를 약간의 현미유와 집간장을 넣고 잠시 볶을 때 조청을

## 약초맛물냉이온국수

••• 통밀국수 2줌, 냉이 2줌, 새송이버섯 1개,
당근 1/4개, 애호박 1/2개, 채썬 목이버섯 2큰술,
약초맛물 8컵, 구운소금 1작은술
**들깨양념장}** 생들깨가루 수북이 2큰술,
집간장 2큰술, 생들기름 1큰술,
다진 풋고추·홍고추 2작은술씩

1 냉이는 깨끗하게 씻고 새송이버섯은 5cm
길이로 얇게 채썬다. 당근도 얇게 채썰어 각각
따로 끓는 물에 데친다.
2 애호박은 얇게 채썰어 소금을 넣고 10분 정도
절였다가 물기를 짜서 볶는다.
3 통밀국수는 삶아 건져 그릇에 담고 준비한
고명(냉이, 새송이버섯, 당근, 애호박, 목이버섯)을
얹어 뜨거운 약초맛물을 붓고, 들깨양념장을
곁들인다.

## 약초맛물봄동우동

••• 우동생면 2묶음, 봄동 2줌, 애호박 1/3개,
감자 1개, 애송이버섯 한 줌, 약초맛물 6컵,
집간장 4큰술, 조청 2큰술, 현미유 1큰술

1 봄동은 한입 크기로 썰고 애호박은 반달썰기
한다. 감자는 5cm 길이로 도톰하게 썰고,
애송이버섯은 감자와 같은 길이로 썬다. 생면은
삶아 건진다.
2 약초맛물에 감자를 넣고 한소끔 끓인 다음
애호박, 애송이버섯, 생면, 봄동 순으로 넣고 간장,
조청, 현미유로 맛을 내어 한소끔 더 끓인다.

곁들입니다. 조청은 지나치지 않고 은은한 단맛이 나서 밖에서 사먹는 음식 속에 섞인 화학조미료의
감칠맛을 대신해주면서도 몸에 유익하니 아주 요긴한 조미료입니다.
그 국수에 애호박, 목이버섯, 새송이버섯, 냉이나물을 고명으로 얹어 한 그릇 먹고 나면 "어이, 국수 잘
먹었네" 소리가 절로 나옵니다.
대개 면 요리는 건강에 안 좋다고들 하는데, 이는 밀가루가 찬 기운이 많아서 몸을 따뜻하게 하는데
방해가 되기 때문이에요. 따뜻하고 온화한 약초맛물로 균형을 잡아주고 밀의 껍질을 깎아내지 않은
통밀가루로 국수를 만들어 미네랄과 비타민, 섬유질의 함량을 높여주면 오히려 건강식이 됩니다.
특히 우리밀 우동생면과 통밀국수는 우리나라 땅에서 약을 치지 않고 건강하게 키운 밀로 만든 면이라
걱정 없이 먹을 수 있습니다.

# 마을의 축제날, 정월대보름 놀이

모여서 살아가려는 사람들에겐 소속감과 함께 협동의 소중함을
공유하는 과정이 필요합니다. 우리 마을 사람들도 우리 민족이 오랜
세월 중요하게 여겨왔던 절기와 명절의 의미를 되살리고 마을 공동의
축제로 삼자 의논을 합니다. 그리하여 대보름과 단오절과 동지절을
창조적인 마을 축제와 놀이로 만들자고 뜻을 모았어요.
농부들에겐 설날보다도 더 중요한 명절이 정월대보름이에요. 곧 봄이 올 것이라는
기대와 함께 한 해 농사의 시작을 준비하는 때이니까요. 농사는 서로 돕고 더불어
살아가는 삶을 요구합니다. 정월대보름은 온 마을 사람들이 한바탕 신명을
풀어내고 새로운 삶을 준비하는 힘을 비축하는 축제입니다. 달집을
지어서 불태우는 것은 모든 삿되고 부정적인 것을 함께 태워 버린다는
의미도 들어 있어요.

정월대보름 행사를 준비하면서 처음엔 약간의 의견 차이로 티격태격하기도 했지만
결국엔 백여 명의 아이들과 어른과 노인들이 모두 마을 광장에 모였지요. 가족 대항
윷놀이와 제기차기, 자치기, 쥐불놀이를 하며 온 동네가 떠들썩하게 놀았습니다. 어떤
아이는 귓불이 약간 데었는데도 아프다 소리 한번 하지 않더라는 뒷이야기도 들립니다.
마을 광장 가까이 사는 젊은 그룹이 자진하여 차린 보름밥과 나물과
뜨끈한 시래깃국은 마을사람 모두의 마음을 따뜻하게 덥혀 주기에
충분했습니다.
처음에 계획하면서 있었던 약간의 의견충돌은 '힘을 합하면 어떤 어려운 일도 쉽고
즐거운 일로 변할 수 있다'는 깨달음으로 마무리되었습니다.

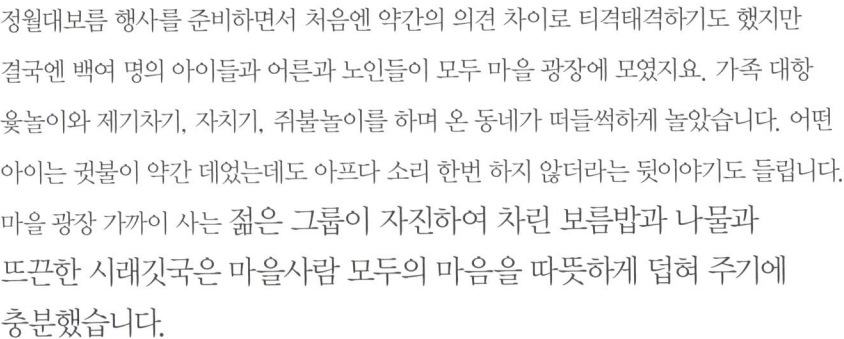

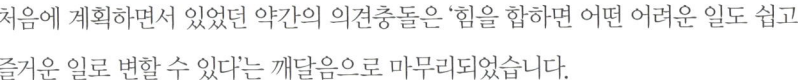

살림음식으로
차린
4월 밥상

내 몸 살리는 네 번째 이야기

자연이 만든 에너지를 상에 올린다

## 생명이 지닌 온갖 색들이 산과 들을 채우는 계절

텅 비었던 산자락과 들녘이 '누군가 연두빛 물감을 뿌렸나' 싶게 물들기 시작하면 얼마 전까지 아무것도 없었던
그 자리에 꽃망울과 잎새가 터져 나옵니다.

바람과 흙과 햇살이 만들어낸 생명의 모습. 부활의 신비가 느껴지는 순간입니다. '죽지 않으면 열매를 맺을 수
없다'는 자연의 법칙이 생생하게 드러나는 순간이기도 하고요.

'움츠림'과 '폄'은 생명현상의 표현입니다. 생명 있는 만물이 그렇듯 추운 겨울 동안
움츠렸던 우리 몸도 슬슬 기지개를 폅니다. 밤낮의 길이가 같아지는 추분을 지난 후
밤이 길어지고 추워지는 음의 시간을 보냈다면, 햇살이 적도에 내려꽂히고 양과 음이 딱
반으로 나뉘어지는 춘분을 지나고부터는 점점 낮의 길이가 길어지고 햇살이 많아지는
양의 시간이 돌아옵니다. 이때를 가리켜 옛사람들은 "봄보리를 심고, 들나물을 캐어 먹는 때"라고
노래했습니다. 본격적으로 농사 준비를 해야 할 때가 된 거지요.

미루마을에서도 집집마다 거름을 퍼 나르고, 흙이 봉싯하게 공기층을 머금을 수 있도록 갈퀴질을 합니다.

씨앗주머니를 열어서 이집 저집 씨앗들을 나누기도 하구요. 청명과
곡우를 맞는 서툰 농부들은 설렘과 기대, 희망과 염려를 함께 안은
채 농사일을 제대로 배우고 익히려는 마음 채비를 단단히 합니다.
내가 오늘 심는 한 알의 씨앗이 바람과 비와 햇살과 흙의
힘을 빌어 또 다른 생명이 되어 내 밥상에 오를 것이라는
기대를 하면서 이 모든 것들과 내가 따로 떼어 놓을 수
없는 하나의 존재임을 몸으로 느낍니다. 너와 내가 따로
떼어 놓을 수 없는 존재라는 사실도 더욱  절실해져서
'함께, 가까이, 있다'는 그 하나만으로도 특별한 느낌이
들지요.
도시인에서 농부로 건너온 네 사람이 일손을 합해서 표고버섯
농장을 만들었어요. 또 다른 이는 밀과 귀리, 수수, 기장 같은 잡곡을
키운답니다. 제일 젊은 규성씨네는 열무, 배추, 고추, 깻잎, 오이 등을
골고루 심어 보겠노라 마음을 내네요. 멀리 가지 않아도 싱싱하고
좋은 요리 재료를 바로 가까이에서 구할 수 있으리라는 생각에 저
역시 부자가 된 듯싶습니다.
미루마을 사람들은 이렇게 가꾼 재료와 만든 음식을 나누어 먹을
꿈을 꾸고 있어요. 꿈은 꾸는 순간 가슴속에 생생하게 새겨지기
때문에 꿈꾸는 그 자체만으로도 이미 절반 이상은 수확한 거나
마찬가지라고 생각하면서….
땅을 갈고 씨앗을 뿌려 자라기를 기다리는 동안 먹을거리는 아무래도
들나물들이 만만합니다. 봄이면 산이요 들에 지천으로 솟아나는
나물거리들은 밥상의 보배입니다. 봄나물 향만 맡아도 우리 몸의
세포들은 근질근질 생명의 날갯짓을 합니다. 따끈한 햇살이 등짝에
내리꽂히는 느낌이 들 때까지 들나물을 캐다보면 어느새 점심시간을
훌쩍 넘기고, 출출한 배를 채우기에는 나물 얹어 지은 한 그릇
밥만으로도 부족함이 없습니다.

# 봄 들판과 숲에는 약 되는 나물이 지천이다

봄 들판에 서면 떠오르는 얘기가 있어요. 중국 명의인 '화타'의 스승이 "오늘 하루 동안 숲에 나가 약이
되지 않는 식물을 찾아서 해지기 전에 오너라" 하고 제자들을 내보냈다지요.  해가 지고 어둑해서야 화타가
돌아왔는데 그의 손엔 아무것도 들려 있지 않았다고 합니다.
"스승님이시여, 아무리 찾아보아도 약이 되지 않은 식물은 없더이다."
화타의 말처럼 봄의 들녘과 숲은 약 기운 가득한 먹을거리가 지천입니다. 사방에 먹을 것이 어찌나 많은지
자꾸만 웃음이 나요. '잎을 먹는 식물은 꽃도 먹고 뿌리도 먹고 줄기도 먹을 수 있겠지' 싶어 가리지 않고
먹어보려고 해요. 다만 꽃은 씨앗을 안고 있기 때문에 스스로를 보호하기 위해 향도 짙고, 맛도 강해서 많이
먹을 수는 없어요. 그저 한 송이 정도 밥그릇에 얹어서 그 빛깔과 모양과 향을 잠시 즐기지요.
여린 봄싹을 마구 먹으려면 미안한 생각이 안 들 수 없어요. 아무리 많이 먹어도 다시 봄이 되면 또 싹을
틔우는 그들에게 그저 감사할 따름이지요.
오늘도 푸른 봄풀의 싹을 입 안 가득히 넣고 그 향을 한참이나 음미하면서 '내가 풀인지 풀이 나인지 잘
모르겠네' 합니다. 참, 맛있습니다.

3월 끝자락부터 4월, 5월까지는 밥상을 가득 채우고도 남을 만큼 산과 들에 나물이 풍성합니다. 이들 나물들에는 하나같이 항산화물질이 가득하고 칼슘, 철분, 무기질, 비타민 등이 풍부합니다. 아주 여린 보리싹처럼 연한 나물들은 그대로 겉절이를 하면 맛있고, 원추리나 방풍처럼 섬유질이 억세고 향이 강한 나물들은 소화흡수가 어려울 수도 있으니 살짝 데쳐서 조리하는 게 좋아요. 취나물이나 머위같이 약간 쓴맛과 강한 향을 가진 나물들은 살짝 데치거나 말렸다가 묵나물로 먹지만 어린 싹일 때는 겉절이로 무치면 부드럽고 맛있어요. 아무래도 몸속에 들어와서 세포로 전환되는 건 익혀 먹는 것보다는 생으로 먹는 게 더 빠르고 강합니다.

예전에 여러 해 동안 산에서 살 때 거의 모든 먹을거리를 생으로 먹은 적이 있는데 그때는 분해, 연소되지 못한 음식물 찌꺼기가 몸 안에 남아 있는 느낌이 전혀 들지 않을 만큼 가볍고 민첩했어요. 몸과 마음이 가볍고 강한 느낌이 들었고 실제로 피로를 전혀 느끼지 않을 만큼 건강해졌지요. 익힌 음식보다는 생채식이 더 생명력이 크고 강하다는 걸 그때 깨달았지만 너무 오랜 세월 익힌 음식과 부드러운 음식에 길든 몸으로는 야생의 먹을거리가 부담이 되기도 해요. 위와 장이 충분히 제 역할을 할 수 있도록 훈련이 될 때까지는 식사법을 서서히 바꿔가는 게 좋아요. 특히 해독 능력이 떨어지는 환자는 조심해서 조금씩 먹고 살짝 데쳐서 먹는 게 안전합니다. 모든 생명체는 자신을 보호하기 위해 미량의 독을 가지고 있습니다. 약성이 강한 것은 독성도 함께 가지고 있다는 것이 자연의 법칙이에요.

미량의 독성은 우리 몸 안에서 면역력을 키우는 역할을 담당합니다. 예방주사를 맞는 것과 같은 이치이지요. 강한 약을 오래 먹으면 부작용이 반드시 나타납니다. 그래서 약을 오용 남용 하면 위험하고, 먹을거리도 치우치지 않게 준비해야 합니다.

온 산과 들에 널린 나물과 먹을거리는 우리 몸의 면역력을 강화해줍니다.

## 산나물 채취 요령

산나물을 채취할 때 얇은 면장갑과 커다란 면주머니, 손안에 쏙 들어오는 작은 가위를 준비하면 요긴하게 쓰입니다. 산나물을 뿌리째 캐내면 번식할 수 없기 때문에 꼭 필요한 경우가 아니면 뿌리째 캐지 않아야 해요. 산나물은 캐는 것보다 손으로 뜯는 것이 여러모로 좋은데 손으로 뜯다보면 잘 뜯어지지 않고 뿌리째 달려 나오기 십상이므로 준비한 가위로 잘라주면 편해요. 이때 뿌리나 곁에 있는 식물이 상하지 않도록 주의해야 합니다. 잎이나 새순을 채취할 때는 잎이 짓무르지 않도록 조심해서 따고 여러 포기에서 조금씩 뜯어야 식물이 잘 살 수 있어요.

산나물처럼 보이는 것 중에는 독초가 있을 수도 있으니 주의하고 잘 모르는 산나물은 뜯지 않아야 합니다. 대부분의 산나물은 자신의 생명을 보호하기 위해 약간의 독성을 가지고 있기 때문에 끓는 물에 살짝 데쳐서 우려먹는 것이 안전합니다. 나물의 약성과 성분을 제대로 얻으려면 숲에 들어가기 전에 숲의 생명들에게 동의를 구한 다음 감사하고 겸허한 마음으로 나물을 채취하면 욕심을 부리지 않게 됩니다. 내게 좋은 것이라고 맘껏 욕심을 부려서 채취하면 나도 모르게 자연을 망가뜨리게 됩니다. 불법 산나물 채취는 법으로 금하고 있으니 산에서 나물을 뜯으려면 산림의 소유주에게 동의를 구해야 해요.

# 약이 되는 쑥 밥상

쑥굴레

쑥전

쑥버무리

쑥구기자밥

쑥콩가루된장국

허브 중의 허브, 향초 중의 향초, 약초 중의 약초인 쑥을 먹지 않고는 '봄을 난다'고 말할 수 없지요. 양지 바른 밭두렁이나 들녘에 난 쑥을 보면 대부분의 아낙들은 가던 차도 세워 놓고 엎드려서 쑥을 캐요. 이렇게 뜯은 쑥으로 밥도 짓고 국도 끓이고 지짐도 하고 떡도 빚지요.

이른 봄에 채취한 연한 쑥은 부드럽기는 한데 향이 약간 떨어져요. 3, 4월이 지나면서 점점 향도 짙어지고 억세어지기도 해요. 여린 쑥으로 국을 끓일 때는 된장을 많이 풀어 넣으면 쑥 향을 잡아먹으니까 아주 조금만 풀어 넣고 고소한 생콩가루를 묻혀서 넣으면 맛있는 국이 됩니다.

직접 캔 쑥으로 가장 즐겨 만드는 간식이 쑥버무리와 쑥굴레입니다. 오곡가루와 쑥을 잘 섞어서 쪄낸 쑥인절미를 다진 호두에 굴려 쌀조청에 찍어 먹으면 봄의 향이 온몸을 감싸는 듯해요. 5월 쑥은 잘 씻어서 그늘에 말려두면 쑥잎차 만들기에 최고예요. 너무 어린 쑥을 말려서 잎차로 만들려면 물러지고 향이 떨어지거든요.

### 쑥콩가루된장국

●●● 쑥 3컵, 생콩가루 1컵, 집된장 2큰술, 물 8컵

1 잘 손질해서 씻은 촉촉한 쑥에 생콩가루를 넣고
고루 버무린다.

2 물 8컵에 된장을 풀어 푹 끓인다.

3 된장국의 불을 약하게 한 다음 콩가루에 버무린
쑥을 흐트러지지 않도록 넣어서 한소끔 끓인다.

### 쑥전

●●● 쑥 2컵, 쌀부침가루 1컵, 생콩가루 1/2컵, 집된장
1/2큰술, 현미유 적당량, 물 1과1/2컵

1 쌀부침가루와 생콩가루를 섞어 쑥에 골고루
입힌다.

2 된장을 물에 푼 후 쌀부침가루와 생콩가루를 입힌
쑥에 넣어가며 버무린다.

3 뜨겁게 달군 팬에 현미유를 두르고 쑥 반죽을 한
숟가락씩 떠놓아 둥글납작하게 지진다.

➕ 쑥국과 쑥전은 특히 애쑥(어리고 연한 쑥)이 좋다.

쑥은 우리나라 온 땅에
지천으로 널려 있지요. 쑥으로
밥도 짓고 국도 끓이고 지짐도
하고 떡도 빚어요.

### 쑥구기자밥

●●● 불린 현미 1과1/2컵, 불린 적미·녹미 2큰술씩, 구기자 2큰술, 쑥 4줌, 물 2컵 남짓

1 불린 현미와 적미·녹미, 구기자를 섞어 솥에 담은 후 물을 부어 밥을 짓는다.
2 뜸을 들일 때 쑥을 넣는다.

## 쑥굴레

••• 쑥 3컵, 오곡가루 3컵, 구운소금 2작은술,
원당 3큰술, 다진 호두 1/2컵, 조청 2큰술

1 오곡가루에 소금, 원당을 넣어 잘 섞은 다음
고운체에 2~3번 정도 내린다.
2 체에 내린 가루와 쑥을 잘 섞어 김이 오르는
솥에서 10분 정도 찐다.
3 쑥 반죽이 잘 익으면 꺼내어 동그랗게 빚어서
다진 호두를 묻히고 조청을 곁들인다.

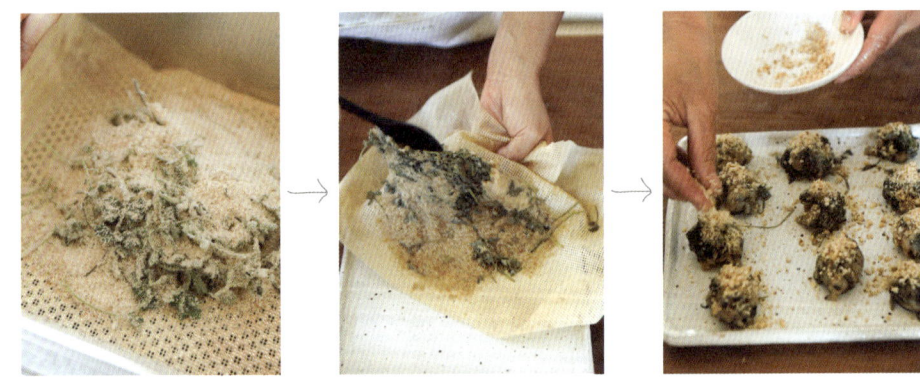

직접 캔 쑥으로 가장 즐겨 만드는
간식이 쑥굴레와 쑥버무리예요.
5월 쑥은 잘 씻어서 그늘에
말려두면 쑥잎차를
만들기에 좋아요.

## 쑥버무리

••• 쑥 4컵, 오분도미가루 2컵, 생콩가루 1컵,
구운소금 2작은술, 물 3큰술

1 오분도미가루, 생콩가루, 소금에 물을 넣고
잘 섞어 고루 비벼준다.
2 섞은 가루를 고운체에 2~3번 정도 내린다.
3 체에 내린 가루에 쑥을 넣고 슬쩍 버무려서
김이 오르는 솥에서 10분 정도 찐다.

✚ 오분도미가루와 생콩가루에 물을 섞었을 때
질척거리지 않아야 포슬포슬한 쑥버무리가 된다.
✚✚ 둥근 틀에 재료를 넣고 찌면 모양이 좋다. 가루에
버무린 쑥 위에 보자기를 덮어주어 수증기가 재료에
떨어지지 않도록 한다.

81

산취버섯초고추장잡채

돌나물보리순겉절이

보리순들깨된장국

보리순된장나물

산취밥

방풍나물

원추리버섯산적

원추리고추장무침

# 몸과 마음을 가볍게 하는 나물 밥상

재배 나물은 같은 봄나물이라 해도 입 안에 넣는 순간 '아,
이건 아니잖아!' 할 만큼 야생 나물과는 향부터 다릅니다.
그러니 나물거리를 사다 먹으면 아쉬움을 달래기가 쉽지
않아요. 아무래도 갓 캔 나물로 가득한 소쿠리가 그리워집니다.
새순이 돋을 때 따온 **산취잎**은 먹고 난 한참 뒤까지
입 안 깊숙이 향이 감돌아서 행복해지곤 하지요.
그 향을 조금이라도 흩트리는 건 취에게도 미안한 일이라서
**밥**을 지을 때 아무것도 섞지 않고 뜸들이기 직전에
밥솥에 올려 살짝 김만 쐬고 내려서 햇살에 잘 익은
집간장으로 비벼 먹으면 온몸으로 봄기운이 퍼지는 듯합니다.
봄나물들을 얹은 **생채소 비빔밥**도 참 맛있는데
이때는 입맛을 돋우는 **강된장**이 최고로 잘 어울려요.
멸치 대신 잘게 썬 말린 표고버섯과 매운 고추, 그리고
구수한 메주가루를 넣어 걸쭉하게 끓인 강된장은 그야말로
밥도둑이지요. 마지막에 참기름을 한 방울 떨어뜨려서
고소한 향으로 마무리를 해주어야 합니다.
끓는 약초맛물에 살짝 데쳐 먹는 **봄나물 샤브샤브**는
온몸이 뜨끈해지는 걸 느끼면서 즐길 수 있는 음식이에요.
각기 다른 향과 맛을 지닌 방풍과 원추리, 보리순 나물을
제대로 즐기고 맛보려고 양념을 달리해서 무쳐 봅니다.
**방풍 잎**은 향을 살리기 위해서 **간장만으로 무치고, 고추장**과
잘 어울리는 **원추리**는 발갛게 무치면서 참기름을 살짝
두릅니다. 보는 것만으로도 고향 내음이 물씬 나는 **보리순**은
잘 익은 **된장**으로 **무칩니다.** 이때는 옛날에 할머니가
그랬던 것처럼 참기름이나 들기름을 아껴가며 넣어야 합니다.
비싼 기름이라 그렇기도 하지만 그보다는 기름 향이 나물의
향을 건드리지 않아야 하기 때문입니다.
이렇게 준비한 나물 반찬을 뜨끈한 밥 위에 얹어서
고추장 한 숟가락 보태 슥슥 비벼 먹으면 그 맛이 꿀맛입니다.
고구마 녹말로 만든 당면에 **버섯과 나물**을 넣고
**초고추장**으로 버무린 새콤달콤한 **당면무침**은 나른해진 입맛을
끌어올리기에 안성맞춤입니다.

산취로 밥을 짓고 잘 익은 집간장으로
비벼 먹으면 온몸으로 봄기운이
퍼지는 듯합니다.

### 산취밥

••• 불린 잡곡쌀 2컵, 산취 2줌, 약초맛물 2컵
**양념장)** 집간장 2큰술, 통깨 1큰술, 참기름 1작은술,
현미식초 1/2큰술

1 산취는 잎을 떼어서 적당히 찢어두고, 줄기는 5cm 정도
길이로 썰어둔다.
2 뚝배기에 잡곡쌀을 넣고 약초맛물을 부어 밥을 짓는다.
밥물이 끓으면 산취 줄기를 넣고 뜸 들일 때 잎을 넣는다.
약초맛물이 없을 때는 둥글레차로 대신할 수 있다.
3 양념장을 준비하여 산취밥과 함께 낸다. 쌉싸름한 산취
향과 새콤한 양념장이 나른한 몸을 깨워준다.

### 보리순들깨된장국

••• 보리순 4줌, 생들깨가루 1/2컵, 생콩가루 1/2컵,
된장 2큰술, 약초맛물 9컵

1 약초맛물에 된장, 생들깨가루, 생콩가루를 넣고 푹 끓인다.
2 그릇에 보리순을 담고 푹 끓인 국물을 붓는다.

✚ 여린 보리순 잎은 오래 끓이면 비타민 손실이 많아지므로
끓는 국물을 부어 먹는다. 보리순이 어느 정도 자라 잎이 억셀 때는
처음부터 넣고 푹 끓이는 게 맛있다.

### 산취버섯소고추장잡채

••• 산취 2줌, 목이버섯 6개, 당면 3줌
**양념장**》 고추장 2큰술, 현미식초 2~3큰술, 참기름 1/2큰술, 집간장 1큰술

1 산취는 줄기와 잎을 따로 떼어 끓는 물에 데치고, 당면은 끓는 물에 넣어서 쫄깃하고 투명해질 때까지 익혀서 찬물에 헹궈 소쿠리에 건져둔다. 목이버섯은 1cm 길이로 썬다.
2 분량대로 양념장을 만든다.
3 준비한 재료에 양념장을 넣고 버무린다.

### 돌나물보리순겉절이

••• 돌나물·보리순 2줌씩
**양념장**》 집간장 2큰술, 고춧가루·참기름·통깨 1작은술씩

1 돌나물과 보리순은 잘 씻어서 소쿠리에 건져 물기를 뺀다.
2 분량대로 양념장을 만든다.
3 준비한 돌나물과 보리순에 양념장을 넣고 가볍게 무친다.

✛ 돌나물은 손질할 때 짓이겨지지 않도록 조심해서 다루고 씻을 때도 조심해야 한다. 짓이겨지면 풋내가 나서 맛이 반감된다.
✛✛ 통깨는 보기에 좋고, 고소한 맛은 깨소금이 낫다.

**양념장**》 고추장 2큰술, 현미식초 2~3큰술, 참기름 1/2큰술, 집간장 1큰술

### 원추리버섯산적

••• 원추리·백만송이버섯 2줌씩, 구운소금 1/2작은술, 참기름 1작은술,
집간장·산야초발효액 1큰술씩, 꼬치 8개

1 버섯은 한 가닥씩 떼어놓고 원추리는 버섯과 같은 길이로 준비한다.
2 끓는 물에 원추리와 버섯을 넣었다가 숨만 죽여 건진 다음 찬물에 헹궈 물기를
뺀다.
3 데친 원추리는 소금과 참기름에 무치고, 버섯은 간장과 산야초발효액을 넣어
무친다. 산야초발효액이 없을 때는 매실발효액을 넣고 무친다.
4 꼬치에 양념한 원추리와 버섯을 꿰어 기름을 두르지 않은 팬에 지진다.

✚ 재료를 무쳐 먹어도 맛있지만 꼬치에 꿰어 구우면 특유의 고소한 풍미와 멋이 느껴진다.

각기 다른 향과 맛을 지닌 방풍과
원추리, 보리순 나물을 제대로 즐기고
맛보려고 양념을 달리해서 무쳐 봅니다.

### 원추리고추장무침

••• 원추리 6줌, 고추장 2큰술,
현미식초 1큰술

1 원추리는 잎을 하나씩 떼어
씻는다.
2 끓는 물에 원추리를 넣어서
한 번 휘저은 다음 건져서 찬물에
헹궈 물기를 가볍게 짠다.
3 데친 원추리에 고추장과 식초를
넣어 무친다.

### 보리순된장나물

••• 보리순 6줌, 된장 1큰술,
생들기름 1/2큰술

1 끓는 물에 보리순을 재빨리 데쳐
건진 다음 찬물에 헹궈 물기를 살짝
짠다.
2 데친 보리순에 된장과 생들기름을
넣어 무친다.

### 방풍나물

••• 방풍 4줌, 집간장 1과1/2큰술, 통깨 1작은술,
참기름 1작은술

1 방풍은 줄기와 잎을 따로 떼어 씻는다.
2 끓는 물에 방풍 줄기부터 넣고 잠시 후에 잎을
넣어서 살짝 데친다. 데친 방풍은 찬물에 헹궈 물기를
짠다.
3 데친 방풍에 준비한 양념을 넣어 무친다.

말린 표고버섯과 매운 고추, 구수한
메주가루를 넣어 걸쭉하게 끓인
강된장은 그야말로 밥도둑이지요.

### 유채보리순강된장비빔밥

••• 잡곡밥 4공기, 유채·보리순 3줌씩, 목이버섯 4개
**강된장)** 말린 표고버섯 3개, 청양고추 3개, 된장 수북이 3큰술, 메주가루 1큰술,
참기름 1큰술, 약초맛물 1과1/2컵

1 유채와 보리순은 손가락 마디 정도의 길이로 썰고, 목이버섯은 채썰어둔다.
2 말린 표고버섯과 청양고추를 잘게 다진다.
3 뚝배기에 다진 표고버섯과 된장을 넣고 잠시 볶다가 약초맛물을 부어 끓인 다음
다진 청양고추와 메주가루를 넣고 되직해질 때까지 뜸 들인다.
4 상에 내기 직전에 참기름을 넣는다.
5 잡곡밥 위에 유채와 보리순, 채썬 목이버섯을 얹고 표고버섯강된장을 곁들인다.

## 봄나물 샤브샤브

••• 산취, 원추리, 유채, 보리순, 돌나물, 양송이버섯, 팽이버섯, 목이버섯 적당량씩, 오색국수 2줌, 약초맛물 적당량
**참깨소스}** 참깨 수북이 4큰술, 조청 수북이 1∼2큰술, 집간장 6큰술, 참기름 1/2큰술
**사과소스}** 사과 1개, 유자청 1큰술, 현미식초 2∼3큰술, 구운소금 2작은술, 생강가루 1작은술

1 준비한 재료들은 각기 손질해서 씻어 물기가 빠지도록 소쿠리에 건져둔다.

2 볶은 참깨를 곱게 갈아서 조청과 간장, 참기름을 넣어 되직하게 참깨소스를 만든다. 이 소스에 발효겨자를
넣어도 맛있다.

3 사과와 식초, 소금을 넣어 믹서에 간 다음 유자청과 생강가루를 넣어 잘 섞어서 사과소스를 만든다.

4 전골냄비에 약초맛물을 넣고 끓이면서 준비한 버섯과 채소들을 담가 살짝 익혀 소스에 찍어 먹는다.

5 채소를 다 먹고 난 뒤에는 국수를 넣고 익혀서 남은 소스에 버무려 먹는다.

✚ 국수 대신 밥을 넣어 죽을 쑤어 먹어도 된다. 먹는 사이사이 국물을 차처럼 마시면 속이 따뜻해진다.

묵은지 라면전골

반찬 없을 때
국물요리로 활용하는
묵은지 별미상

묵은지 콩나물국밥

새 맛을 즐기고 싶어서 봄동으로 햇김치를 버무려 내어놓을 때도 있지만 이젠 김장독을 씻어낼
때가 되었기에 묵은지를 건져 이렇게도 먹고 저렇게도 먹어요. 묵은지로 하는 요리로는 김치찌개가
최고지요. 부침개를 해도 맛있고, 물에 씻어서 밥을 싸 먹어도 맛있고, 죽죽 찢어서 볶아도 맛있고…
아무튼 우리나라 사람들에게 묵은지는 향수의 맛 바로 그것이에요.
그래도 뭔가 색다른 게 없을까 싶을 땐 김치전골을 끓여봅니다. 여러 종류의 버섯과 김치, 그리고
기름기를 뺀 라면에 약초맛물을 부어서 끓인 김치라면전골은 한 끼 식사로 충분해요.
경북지방에서는 '갱실이'라고도 부르는 콩나물 넣은 김치국밥은 뜨끈하고 시원한 맛이 속풀이엔
최고예요. 나는 마흔 살이나 되어서 첫아이를 가졌는데, 당시 입덧을 그리 하진 않았지만 임신 초기에
한 달 내내 김치국밥으로 울렁거리는 속을 달랬던 기억이 있어요. 아마도 그래서 속풀이에 가장 좋은
음식이 콩나물 넣은 김치국밥이라고 생각하게 되었나봅니다.

## 약초맛물 만들기

육수 대신 쓰는 약초맛물은 약재라기보다 들에서 보기 쉬운 초재들로 오가피, 감초, 황기, 당귀, 칡뿌리, 유근피, 둥글레가 주재료다. 화학첨가물 섭취로 생긴 노폐물을 씻어주고 몸의 순환을 도와주는 재료들로 생협이나 농협에서 쉽게 구할 수 있다.

이 재료들을 기호에 따라 양을 가감해가며 80g 정도가 되도록 적당히 섞은 뒤 5ℓ의 물을 부어 끓이면 된다. 끓기 시작해 15~20분 지나면 맛물이 완성된다. 옅은 보리차 정도의 빛깔로 우러나면 적당하다. 재료는 3~4회 정도 재탕할 수 있는데 건진 재료들을 냉동실에 두었다가 필요할 때 다시 끓이면 된다. 각종 국물요리는 물론 밥물과 김치 담글 때 등 두루 사용한다. 약초맛물이 없을 때는 둥글레차를 우려서 쓴다.

### 묵은지 콩나물국밥

••• 밥 4공기, 콩나물 4줌, 묵은지 3가닥, 백만송이버섯 2줌, 집간장 2큰술, 참기름 2작은술, 약초맛물 6컵

1 콩나물은 다듬어 씻고 묵은지는 4~5cm 길이로 굵게 썬다. 백만송이버섯은 한 가닥씩 떼어놓는다.
2 약초맛물에 묵은지와 간장을 넣고 푹 끓여서 김치 맛이 배어나오면 콩나물과 백만송이버섯을 넣고 한소끔 끓인다.
3 그릇에 밥을 담고 국물을 부은 다음 참기름을 한 방울 떨어뜨린다.

### 묵은지 라면전골

••• 묵은지 3가닥, 미나리 2줌, 목이버섯 4개, 팽이버섯 한 줌, 백만송이버섯 한 줌, 튀기지 않은 우리밀 라면사리 1개, 집간장 3큰술, 원당 2큰술, 약초맛물 4컵

1 묵은지는 4~5cm길이로 굵게 썰고 미나리도 같은 길이로 썬다. 목이버섯은 사방 2cm 크기로 썰고 팽이버섯은 밑둥을 자른다. 백만송이버섯은 한 가닥씩 떼어놓고 면은 삶아 건져놓는다.
2 약초맛물에 간장과 원당을 넣어서 양념한다.
3 전골냄비에 준비한 재료를 가지런히 담고, 양념한 약초맛물을 붓고 끓여 맛이 어우러지면 먹는다.

# 푸드 마일리지는 짧을수록 좋아…

식품이 생산된 곳에서 식탁에 오르기까지의 거리에 식품의 수송거리를 곱한 것을 '푸드 마일리지'라고 합니다. 다른 마일리지와는 달리 이것은 낮을수록 좋습니다. 먹을거리의 이동거리가 짧을수록 수송비용도 줄어들고 가격이 싸지며, 신선한 재료를 얻을 수 있고 탄소와 온실가스 배출 양이 줄어들어 결과적으로 내 몸에 좋고 지구에도 좋은 거지요.

미루마을에 살면서 저 역시 우선은 미루마을 사람들이 농사지은 것을 먹고 모자란 것은 차로 15분 거리에 있는 유기농 매장에서 재료를 구하고 있습니다. 이 매장에서 판매하는 상품 역시 가급적 푸드 마일리지가 작은 인근 지역 농산물이지요. 그러다 보니 지역 생산물을 먹는 게 쉬워졌어요. 그러고 보면 유기농업을 하는 농가가 많아 유기농업의 메카로 불리는 괴산에 사는 사람들은 복이 많습니다. 2015년 제가 사는 미루마을이 있는 괴산군 칠성면에서 세계유기농 엑스포가 열립니다. 이 모든 것이 보통 인연은 아닌 것 같아 저 역시 로컬푸드 네트워크를 좀 더 활발하게 이룰 수 있는 방법을 연구하는 중입니다.

내가 태어나서 숨 쉰 공기, 마신 물, 먹은 음식과 밟은 땅의 기운이 내 몸을 만들었기에 내 몸과 가장 가까운 곳의 먹을거리가 건강한 먹을거리라는 게 신토불이의 참뜻입니다.

살림음식으로
차린
5월 밥상

내 손으로 내 밥상에 오를 먹을거리를 가꾼다

## 씨앗 품을 밭을 마련했다

열 평 남짓, 집 앞 작은 땅에 밭을 만들었습니다. 밭을 만드는 일은 캔버스에 스케치를 하는 것과 비슷합니다.
씨앗을 뿌리기 위해서는 먼저 땅을 만들어야 합니다. 밭으로 쓰던 땅이 아니어서 우선 돌멩이를 골라내는
일부터 합니다. 겉으로 보기엔 모르겠더니 땅을 뒤집으며 보니 크고작은 돌멩이들이 하나둘이 아닙니다. 호미
끝에 걸리는 커다란 돌멩이를 골라내기는 그다지 어렵지 않습니다만 끝도 없이 올라오는 자잘한 돌멩이들을
일일이 고르고 있자니 좀 갑갑해지기도 합니다.
티베트의 고승 미레르빠 성자의 노래를 따라 불러봅니다.
"내 마음의 자갈밭을 간다네. 깨달음의 씨앗을 뿌리기 위해 먼저 돌을 골라내야만 한다네."
그 노래 덕에 여러 날 돌멩이를 주워내면서도 마음이 바쁘지 않습니다. 밭 고르기가 끝이 났으니 이제 거름을
뿌릴 차례입니다. 농사를 오래 지어온 분이 알려준 대로 집에서 나온 음식물 찌꺼기에 쌀겨와, 산야초
발효액을 걸러낸 찌꺼기를 섞어서 거름을 만들긴 했는데, 양도 넉넉지 않고 만족할 만큼 발효가 잘된 것
같지는 않습니다. 하는 수 없이 방앗간에서 얻은 들깻묵과 발효 퇴비를 더해서 밭에 뿌려 씨앗을 품기에
알맞은 땅 만들기를 합니다. 며칠 그대로 두어 밭이 숙성되고 나면 씨앗도 뿌리고 모종도 심습니다.
내 식탁에 오를 것이나 심고 거둘 요량으로 자그마한 밭 한 뙈기에 상추, 쑥갓, 겨자잎, 토마토, 감자, 고추,

호박, 가지들을 조금씩 심고 밭두렁엔 키가 큰 옥수수도 심었어요. 사이사이 채송화, 봉숭아, 분꽃, 패랭이, 접시꽃, 해바라기 등 화초 씨앗도 뿌려 놓고요.

올 봄, 작년 가을 뒷마당에 심어둔 머위, 원추리가 파랗게 솟아오르는 걸 보면서 무척 신기했습니다. 모진 추위를 겪고도 녹색 잎을 키워내는 것이 놀랍기만 했지요. 이제 씨앗을 뿌린 밭에서도 그런 놀라운 일들이 일어나겠지요. 씨를 심은 뒤 얼마간 죽은 듯 기척이 없던 땅에서 바람과 태양과 물과 흙이 함께 힘 모아 생명을 잉태하고 키워내 파릇한 싹이 돋을 것입니다.
그러면 나는 또 '내가 할 수 있는 일이라곤 고작 땅을 이리저리 뒤적거리는 것밖엔 없구나' 느낄 테지요.
땅을 가까이 하고 살다보면 마음이 저절로 가벼워집니다. 풀만 먹으니 연소가 잘되는지 몸도 가벼워집니다.

평화가 깃든 밥상 연구실에는 살림음식(살리는 평화의 음식)을 3년 과정으로 공부하는 마스터과정 연구생들이 스무 명 남짓 있어요. 우리는 산과 들로 나가 직접 나물을 캐기도 하고 산야초를 발효하고 장을 담가서 1년 동안 익어가는 과정을 기다리고 살피기도 합니다.
연구생들은 직접 농사를 짓지는 못해도 우리가 먹는 음식들이 밥상에 오기까지 어떻게 자라고 키워지는지 알고 싶어 합니다. 그래서 올해는 괴산에 있는 흙살림 생명살림연구소에 가서 직접 거름 만들기와 땅고르기, 씨앗 뿌리기를 배워봤습니다. 소박하지만 맛있는 점심을 먹은 뒤에 호미를 들고 나가서 유기질 비료를 뿌려 숙성시킨 땅에 직접 감자와 상추를 심었어요. 모두들 6월에 와서 수확할 생각으로 신바람을 냅니다. 잠시 배운 농사일에 자신감이 붙는지 도시에서도 나무상자에 텃밭을 가꿔볼 요량으로 모종을 가져가기도 합니다.

**지렁이로 퇴비 만들기**
음식물찌꺼기와 흙을 1:1로 섞어준 뒤 한 달 이상 발효된 퇴비를 지렁이 먹이로 사용하면 음식물쓰레기 처리는 물론 퇴비로도 쓸 수 있다. 지렁이는 낚시용 지렁이를 사다 넣으면 된다.

엿기름 삭혀 고추장 담그고 장 가르고…

가장 아름다운 계절 오월입니다. 너무 강하지도 여리지도 않게, 할 수 있는 만큼 고운 자태를 드러내는 게 오월의 신록입니다.

미루마을 사람들은 나물 캐고, 밭 만들기에 바쁩니다. 집집마다 백여 평의 마당이 있는지라 꽃을 심을지 나무를 심을지, 잔디밭을 만들지 저마다 그림 그리기에 한창입니다.

옆집 사는 마을 총무 준희씨 부부도 요즘 마당에 나와 지내는 시간이 많습니다. 준희씨는 간혹 시를 써서 낭독해 마을 사람들을 즐겁게도 해주고 아이들 등하교 길에 자전거로 배웅도 해주고 자원봉사로 마을 심부름까지 도맡아 하는 착한 남자입니다.

꽤 한참 동안 준희씨 혼자 집을 이리 다듬고 저리 꾸미고 하느라 동분서주하더니 두어 달 전 부인이 서울서 내려와 요즘은 늘 둘이 함께입니다. 새가 들어가기에는 아무래도 좀 작은 듯한 예쁜 새집까지 몇 개 만들어 나뭇가지에 걸어 놓은 걸 보니 부부 사는 모습이 마치 아이들 소꿉놀이하듯 알콩달콩 재미나 보입니다.

도시에서 부족함 없이 살던 그의 아내는 어느새
이곳 생활에 적응을 했는지 5일장에서 산 챙
넓은 농사용 모자에 통이 널찍한 바지까지 갖춰
입었습니다. 그 모습이 영락없는 시골아낙인지라
처음엔 몰라보고 '품앗이 일꾼을 얻었나?' 했네요.

나는 얼마 전 음력 정월에 담근 장을 가르고
고추장도 담갔습니다. 다들 울도 담도 없이
살아가니 한 집에서 이 일을 하면 그 이웃도 또 그 이웃의 이웃도 때를
알아 같은 일을 하게 됩니다. 그리하여 요즘 미루마을 집집마다 장독대가
풍성해졌습니다. 누구네 장이 맛이 잘 들고 있는지 손으로 찍어 먹어보고
구경하는 것도 재미있고요.
옛날 우리 조상들은 대개 고추 수확이 끝나는 초가을에 잘 마른 고춧가루로
고추장을 담갔지만 요즘엔 봄 고추장을 담기도 해요.
고추장을 담그는 방법은 집집마다 달라서 찹쌀가루나 보릿가루를 삭혀서
조청을 만드는데 보릿가루 조청은 구수하고 깊은 맛이 나고 찹쌀가루 조청은
찰지고 색이 곱습니다. 나는 엿기름을 우려낸 물에 현미찹쌀과
찰수수, 차조, 기장, 찰보리를 빻은 오곡가루를 넣고 조청을
만들어 고추장을 담습니다. 색은 덜 고와도 감칠맛이 나거든요.
싹을 잘 틔운 엿기름으로 낸 뽀얗고 향이 감도는 엿기름가루와 고운
고춧가루를 골라야 맛이 좋아요.
엿기름을 물에 충분히 불려서 잘 치대어 우려낸 물에 오곡가루를
넣어서 삭힐 때는 너무 따뜻하거나 시간이 길어져서 시큼해지지
않도록 주의해야 합니다. 그리고 불에 올려서 잘 달여 주어야
단맛이 나지요.
마지막에 버무릴 때 메주가루 맛과 소금 맛도 고추장의 맛에 큰 영향을
미칩니다. 결국 재료가 좋아야 좋은 맛을 낼 수 있습니다.

## 발효액은요

산야초나 매실, 채소, 과일에 당분을 넣고
시간이 흐르면 다른 형태의 생명체, 효소로
변환된다. 이렇게 만든 발효액은 음료로,
약으로, 음식의 양념으로 두루두루 쓰인다.
발효액을 만들 때 잘 말린 재료를 사용하면
발효의 안정감을 높이고 향도 잘 살릴 수 있다.
산야초발효액은 애쑥, 차조기, 쇠비름 등
잘 말린 재료를 흙으로 만든 항아리에 넣고
원당과 물을 비율에 맞게 넣고 끓인 시럽을
부어 만든다.

# 맛이 든 고추장으로 차린 밥상

나물고추장비빔밥

채소고추장
비빔국수

애호박고추장떡

올해 고추장은 고춧가루와 메주가루가 좀 많이 들어가서 되직해졌어요. 그래서 산야초발효액을 부어서 잘
저어주니 윤기도 나고 달착하니 아주 맛있는 고추장이 되었네요. 때로는 이렇게 실수 덕분에 새로운 조리법이
탄생하기도 합니다.

고추장도 발효시켜 먹어야 맛있는데, 잘 발효된 산야초발효액이 들어가서인지 갓 담가서 먹어도 참
맛있습니다. 산야초발효액이 없다면 매실발효액을 넣어도 좋을 것 같군요.

아무튼 **방금 담은 고추장을** 한 숟가락 푹 퍼서 뜨거운 밥 위에 올려서 비벼 먹는 맛이 일품입니다.
그냥 먹는 것보다는 여러 가지 **나물을 얹어서 비벼** 먹으면 더 맛있지요. 따끈한 밥에 고소한 참기름이나
신선한 들기름을 곁들이면 금상첨화고요.

갓 뜯은 상추나 쑥갓이 있으면 국수 위에 얹어서 **비빔국수**를 해 먹어도 맛이 그만이지요. 맛있게 잘 익은
고추장에 꿀과 소금, 식초를 넣고 초고추장을 만들어서 끼얹어 먹으면 나른해진 입맛이 확 돌아옵니다.

봄비라도 촉촉히 내리는 날엔 집에 있는 재료로 **장떡**을 지집니다. 온 집 안에 고향 맛이 가득하네요.

## 나물고추장비빔밥

••• 콩나물 4줌(집간장 1큰술, 물 1/2컵),
무 1/3개(생들기름 1큰술, 구운소금 1작은술,
물 1/2컵), 말린 고사리 2줌(집간장 1큰술, 참기름
2작은술), 산취 4줌(집간장 1큰술, 참기름 2작은술),
목이버섯 4개, 고추장 4큰술, 생들기름 2큰술,
밥 4공기

1 냄비에 콩나물과 물, 간장을 넣어 뚜껑을 덮고
아삭하게 익힌다.
2 무는 가늘게 채썰어 생들기름에 볶다가 물과 소금을
넣고 뚜껑을 덮어 푹 익힌다.
3 말린 고사리는 하룻밤 불리고 불린 물 그대로 20분
정도 삶아 헹궈 물기를 짠 다음 5cm 길이로 잘라
간장과 참기름을 넣고 조물조물 무친다.
4 산취는 줄기와 잎을 따로 떼어 큰 잎은 한입 크기로
자르고 줄기는 5cm 길이로 잘라 끓는 물에 데친 다음
찬물에 헹궈 물기를 살짝 짜서 간장과 참기름을 넣고
무친다.
5 목이버섯은 가늘게 채썬다.
6 그릇에 밥을 담고 그 위에 준비한 나물을 얹어
고추장과 생들기름을 넣고 비벼 먹는다.

## 채소고추장비빔국수

••• 오색국수 300g, 쌈 채소 8장, 파프리카 1/4개
**양념장**} 고추장 4큰술, 꿀 2큰술, 현미식초 3~4큰술,
구운소금 1/2큰술, 참기름 1큰술

1 쌈 채소는 굵게 채썰고, 파프리카는 굵게 다진다.
2 분량의 재료를 섞어 초고추장양념장을 만든다.
3 오색국수를 삶아 건져 그릇에 담고 그 위에
쌈 채소와 파프리카를 얹어 양념장을 곁들인다.

✚ 국수는 보통 100g을 1인분으로 잡는데, 4인 분량일 때는
300g 정도 삶으면 적당하다.

## 애호박고추장떡

••• 애호박 1/2개, 참나물 4줌, 쌀부침가루 1과1/2컵,
고추장 1/2큰술, 현미유 4큰술, 물 2/3컵

1 애호박은 채썰고, 참나물은 줄기는 잘게 다지고
잎은 채썬다.
2 준비한 재료에 쌀부침가루를 넣어 잘 버무린 다음
고추장을 넣어 반죽한다.
3 반죽에 물을 넣어가며 되직하게 반죽해 현미유를
두른 팬에 노릇하게 굽는다.

## 오곡가루 고추장 담그기

**엿기름 1kg, 오곡가루 2kg, 고추장용 고춧가루 1kg, 메주가루 500g, 구운소금 2컵, 물 10ℓ**

1 엿기름은 6ℓ의 물에 하룻밤 정도 불린다.
2 불려둔 엿기름을 뿌얀 물이 나오도록 치대어서 어레미에 거른다. 걸러진 뿌얀 물을 다시
엿기름에 부어 치대어서 어레미에 거르는 과정을 3~4회 되풀이한다.
3 걸러진 뿌얀 엿기름물에 물 4ℓ를 더 섞어서 준비한 오곡가루를 풀어 넣어 따뜻한(25℃
정도의 실온) 곳에서 3~4시간 정도 삭힌다. 온도가 너무 높거나 삭히는 시간이 길어지면
시어질 수 있으니 주의한다.
4 삭힌 재료를 불에 올려서 저어가며 졸인다. 처음엔 센 불에서 시작해서 차츰 불을 줄여가며
졸이는데 윤기가 나고 단맛이 감돌 때까지 졸여준다. 서서히 졸일수록 단맛이 더 많이 나서
조청처럼 되는데 조청보다는 약간 묽은 상태에서 불을 끄고 한김 나가도록 둔다.
5 완전히 식기 전, 따끈할 때 고춧가루를 넣어 잘 젓고 메주가루를 풀어가며 섞는다. 주걱으로
떠보아 되직하게 흐를 정도로 농도를 맞추고 소금 1과1/2컵으로 간한다. 일반 소금을 사용할
때는 소금의 양을 줄인다.
6 항아리에 고추장을 담고 위에 하얗게 덮일 정도로 남은 소금을 고루 뿌린 후 한 달 이상
숙성시킨다.

✚ 고추장이 너무 묽게 묶으면 담근 지 일주일 안에는 고춧가루와 메주가루를 더 넣을 수 있고 소금과 조청으로
간을 조절해도 된다. 너무 되직하면 산야초발효액이나 매실발효액을 넣어 농도를 맞추면 된다. 되직하게
만들어 산야초발효액을 부어주면 고추장 발효를 도와주기 때문에 담근 즉시 먹어도 맛있다.
✚✚ 남은 엿기름 껍질에 오곡가루를 넣고 익반죽하여 둥글게 빚어 화전처럼 구우면 맛있는 간식이 된다.
보리 껍질에 있는 섬유질을 고스란히 먹게 되어 배변을 돕고 다이어트에도 좋다.

매실화채

오미자화채

버섯견과 보양전골

찰수수부꾸미

버섯탕수

단호박밤밥

어버이날에 올리는 진지상

오월엔 어버이날과 어린이날이 있는 가정의 달이지요. 아주 화목한 가정이라도
가족의 사랑과 관심을 늘 확인하고 살지는 못해요. 늘 가까이 있기에 잘
안다고 여기지만 오히려 어떤 위기가 닥칠 때라야 '아!, 안다고 여겼더니 그런 줄
몰랐구나' 하며 가슴을 칠 때가 더러 있어요.
대부분의 자식들이 바쁘다는 핑계로 부모님의 생신이나 어버이날이 되어서야
선물 장만하여 밥상 차려드리는 정도로 넘어가곤 하지요. 매일 매순간 '사랑'의
마음을 전할 수 있다면 좋을 텐데 아쉽게도 그러지 못합니다. 하지만 사랑은
곧 신뢰, 마음 깊은 곳에 자리하고 있는 묵직한 미더움입니다. 그렇기에 평소의
무관심을 탓하지 않고 넘어갈 수가 있지요. 특히 부모님은 늘 "무소식이
희소식"이라는 말씀으로 자식의 안쓰러운 죄책감을 달래주곤 하십니다.
어버이날을 맞아 이런 마음을 담아 진지상을 차립니다. ==팥을 넣고 찰밥을 지어
단호박에 넣고 찌니== 색이 곱고 단호박의 달착하고 부드러운 맛까지 더해져
정성스런 마음이 고스란히 느껴집니다. 소화가 잘되고 면역력을 높여주는
==버섯과 채소, 영양 많은 호두, 잣, 은행을 넣고== 오메가3가 듬뿍 든 ==들깨를 갈아==
넣어서 뽀얗게 끓인 ==보양전골==은 만들기 쉬우면서도 푸짐하고 담백해 어르신들이
좋아하는 음식입니다.
달콤한 맛은 사랑의 표현이기도 해요. 그래서 ==버섯 탕수==로 달콤새콤한 맛을
냅니다. 더덕을 쪼개 두드린 다음 찹쌀가루 옷을 입혀 노릇하게 지지고, 버섯에
감자 전분으로 부침옷을 입혀 노릇하게 지지면 기름에 튀긴 고기는 저리 가랄
만큼 고소하고 파삭하고 쫄깃한 지짐이 됩니다. 여기에 대추, 은행, 밀감 등을
얹어서 탕수소스를 만들어 끼얹어내면 멋지고 맛있는 요리가 완성되죠.
고추장을 만들고 남은 엿기름 껍질을 잘 보관하였다가 ==찰수수가루에 섞어서==
==수수부꾸미==를 지져 조청과 함께 내면 훌륭한 후식이 됩니다. 엿기름 껍질에는
섬유질이 많아서 미네랄을 보충하고, 몸속 찌꺼기를 훑어내는 좋은 역할을 해요.
여기에 배를 썰어넣은 ==오미자화채==를 곁들여 봅니다.

보양전골은 만들기 쉬우면서도
푸짐하고 담백해 어르신들이
좋아하는 음식입니다.

## 버섯견과보양전골

•••  양송이버섯 10개, 애호박 1/2개, 두부 1/2모, 밤 10개,
은행 12개, 호두 5개, 잣 한 줌, 말린 표고버섯 6개,
다시마 사방 5cm, 생들깨가루 수북이 5큰술,
구운소금·현미유 1큰술씩, 물 5컵

1  말린 표고버섯과 다시마는 물에 불렸다가 건져서 잘게 썰고
불린 물은 맛물로 사용한다.
2  양송이버섯과 애호박은 잘게 썰고, 두부는 1cm 두께로
썰어서 현미유를 두르고 지져 식힌 후 깍둑썰기 한다. 밤도
두부와 같은 크기로 썬다. 은행, 호두, 잣은 속껍질째 준비한다.
생들깨가루는 물 1/2컵을 부어 믹서에 간다.
3  전골냄비에 준비한 재료들을 같은 재료끼리 돌려 담고, 그
위에 갈아둔 생들깨가루와 소금, 호두, 은행, 잣을 넣고 맛물을
부어 뽀얗게 우러날 때까지 끓인다. 채소에서 물이 나오므로
맛물을 많이 붓지 말고 잘박할 정도로만 붓는다.

✚ 생들깨를 잘 씻어 말린 다음 냉동 보관해두면 필요할 때마다 꺼내어
쓸 수 있어 편리하다. 생들깨를 분쇄기에 갈 때 물을 조금 부으면 잘
갈린다.

## 더덕버섯탕수

••• 더덕 10개(물 1/2컵, 구운소금 2작은술), 느타리버섯·팽이버섯 2줌씩,
새송이버섯 3개, 가지 1개, 감자전분 1과1/2컵, 찹쌀가루 1컵, 현미유 적당량,
구운소금 적당량

**탕수소스**〉 대추 6개, 은행 15개, 밀감 3개, 노란 파프리카·빨간 파프리카 1/3개씩,
생강채 1큰술, 고추기름 3큰술, 집간장 6큰술, 조청 2/3컵(또는 원당 7~8큰술),
현미식초 7~8큰술, 동량의 물에 푼 감자전분 6큰술, 약초맛물 3컵

1 더덕은 5cm 길이로 잘라 편으로 썬 후 소금물에 담갔다가 건져 방망이로 살살
두드린다. 더덕을 다시 소금물에 담갔다 건진 한 번 더 두드린 후 마른행주로 닦는다.

2 느타리버섯은 가늘게 찢고, 팽이버섯은 2~3cm 길이로 썬다. 새송이버섯은
반으로 잘라 도톰하게 썰고, 가지는 편으로 썰어 2~3cm 길이로 자른다.

3 대추는 씨를 빼 채썰고 밀감은 껍질을 벗겨 적당한 크기로 썬다. 파프리카는
씨까지 먹기 좋은 크기로 썬다.

4 가지와 새송이버섯은 기름을 두르지 않은 팬에 올려 물기가 없어지고
쫄깃해지도록 노릇하게 굽는다.

5 손질한 더덕은 찹쌀가루를 묻혀 노릇하게 굽는다. 느타리버섯과 팽이버섯은
한데 섞어 소금 1작은술을 넣고 감자전분을 고루 묻혀서 더덕 크기로 빚은 후 팬에
현미유를 두르고 노릇하게 굽는다.

6 달군 팬에 고추기름을 두르고 생강채를 볶아 향이 오르면 약초맛물, 간장, 조청,
식초를 넣고 끓이다가 준비한 대추, 밀감, 파프리카, 은행을 넣는다.

7 탕수소스에 준비해둔 감자전분물을 넣고 걸쭉해지면 구운 더덕과 버섯, 가지를
넣어 재빨리 휘저어 담아낸다.

✚ 구운 재료를 그릇에 담고 탕수소스를 끼얹어도 된다.

## 단호박밤밥

●●● 단호박 중간크기 2개, 찹쌀 1과1/2컵, 차조 3큰술, 차수수·기장 2큰술씩,
삶은 팥 2~3큰술, 황률 10개, 은행 10개, 대추 10개, 구운소금 4작은술, 물 1과1/2컵

1 찹쌀, 차조, 차수수, 기장, 팥, 황률은 하루 전에 불린다.
2 팥은 2/3 정도 익도록 삶고 대추는 씨를 발라내고 6등분한다. 황률(없으면
생밤으로 대신 한다)과 은행도 준비한다.
3 잡곡과 소금을 섞어 솥에 담고 대추, 황률, 은행을 올린 후 물을 부어 되직하게
밥을 짓는다.
4 단호박은 윗부분을 둥글게 잘라 숟가락으로 씨를 긁어낸다.
5 지어둔 밥을 단호박 속에 넣고 잘라놓은 윗부분을 담아 찜솥에서 단호박이
익도록 찐다.

 →

엿기름 껍질에는 섬유질이 많아서
미네랄을 보충하고, 몸 속 찌꺼기를
훑어내는 좋은 역할을 해요.

### 찰수수부꾸미

••• 찰수수가루 2컵, 엿기름 껍질 2큰술, 구운소금 1작은술, 현미유 1/3컵, 물 1컵

1 찰수수가루에 엿기름 껍질과 소금을 넣고 끓는 물로 익반죽한다.
2 동글납작하게 빚어 현미유를 두른 팬에 노릇하게 구워낸다. 조청을 곁들여도 좋다.

### 오미자화채

••• 배 1/8개, 오미자발효액 1컵, 물 4컵

1 배는 가늘게 채썬다.
2 물에 오미자발효액을 섞어 채썬 배를 띄운다.

✚ 오미자발효액 대신 매실발효액을 이용하면 매실화채가 된다.

고구마두유샐러드

떡꼬치구이

삼색꼬마김밥

정성 들인 먹을거리가
아이의 식성을 바꾼다
어린이 초대상

두부스테이크

어린이날이 되면 패스트푸드 식당에 사람들이 넘쳐납니다. 아이들이 좋아하는 게 주로 닭튀김,
피자 햄버거라나요. 고소한 맛이 어린 입맛을 사로잡은 데는 쉽게 사줄 수 있는 음식으로 아이들을
달래려는 엄마들의 바쁜 마음이 섞여 있기도 해요.
이번 어린이날엔 엄마의 사랑을 담아 정성껏 만든 음식을 선물하고 싶은 생각이 드는 젊은 엄마들에게
색이 고운 꼬마 김밥과, 매콤한 떡꼬치구이를 권합니다. 도톰하게 구운 두부에 옥수수를 넣고 만든
달착지근한 소스를 끼얹은 두부스테이크는 아이들이 참 좋아해요. 고구마와 두유를 섞어서 차게
내어주면 아이스크림 같아요. 간식이나 후식으로 적당합니다.

## 삼색꼬마김밥

••• 빨간 파프리카 1/2개, 새송이버섯 2개, 우엉 20cm 길이 1개, 오이 1개,
김 4장, 밥 6공기, 구운소금·현미식초 2큰술씩, 원당 6큰술, 참기름 1큰술,
깨소금 1큰술, 집간장 4큰술, 물 1컵

1 파프리카는 길이로 도톰하게 썰어 소금 1/2큰술, 원당 2큰술, 식초 2큰술에
절인다.
2 새송이버섯과 우엉은 파프리카와 같은 길이로 얇게 썰어 각각 원당과 간장
2큰술씩, 물 1/2컵을 넣고 약한 불에 올려 졸인다.
3 오이도 같은 길이로 도톰하게 썰어 소금 1/2큰술에 절였다가 물기를 짠 다음
프라이팬에 살짝 볶는다.
4 밥에 소금, 참기름, 깨소금을 1큰술씩 넣어 버무리고 김은 구워서 6등분으로
자른다.
5 버무려둔 밥을 김 위에 얇게 펴 준비한 재료들을 한 가지씩 따로 넣어 만든다.

## 떡꼬치구이

••• 가래떡 2줄, 양송이버섯 4~5개, 노란 파프리카·가지 1개씩, 꼬치 8개,
생들기름 2큰술
**고추장소스}** 고추장·조청 2큰술씩, 집간장 1큰술, 감자전분 2큰술과 동량의
물, 물 1컵

1 가래떡은 3cm 길이로 잘라 말랑해지도록 끓는 물에 데쳐서 찬물에 헹군다.
2 양송이버섯은 작은 것은 그대로 두고, 큰 것은 반으로 쪼갠다.
3 파프리카는 양송이버섯 크기로 썰고, 가지는 도톰하게 동글썰기 한다.
4 물 1컵에 고추장, 간장, 조청을 풀어 약한 불에 끓이다가 감자전분 푼 물을
넣고 한 번 더 끓여 걸쭉한 소스를 만든다.
5 꼬치에 준비해둔 떡, 파프리카, 양송이버섯, 가지를 번갈아 끼워 뜨거운
팬에 생들기름을 두르고 앞뒤로 노릇하게 굽고 뜨거울 때 준비해둔 소스를
끼얹는다.

## 고구마두유샐러드

••• 고구마 3개, 두유 1/2컵, 원당 2큰술, 구운소금 1/2큰술

1 고구마를 껍질째 찐 다음 껍질을 벗기고 으깬다. 벗긴 껍질은
잘게 썬다.
2 프라이팬에 으깬 고구마와 잘게 썬 껍질, 두유, 원당, 소금을
넣어 잘 섞고 약한 불에서 물기를 날린다.
3 따뜻할 때 숟가락으로 다듬어 모양을 만든 다음 냉장고에서
차게 식힌다.

## 옥수수당근조림
## 두부스테이크

••• 두부 2모(감자전분 1컵,
구운소금 1큰술, 후춧가루 2작은술),
당근 1/3개, 옥수수알 1컵, 감자전분 4큰술과
동량의 물, 집간장·원당 6큰술씩, 물 1컵

1 두부는 2등분하여 도톰하게 썬 후 소금과
후춧가루를 뿌리고 감자전분을 골고루
묻혀 노릇하게 굽는다.
2 당근은 사방 1cm 크기로 썬다.
3 냄비에 물과 옥수수알을 넣고 한소끔
끓인 다음 당근을 넣고 끓인다.
4 당근이 반쯤 익었을 때 간장, 원당을
넣고 졸이다가 물에 푼 감자전분을 넣고
걸쭉해지면 구워둔 두부 위에 끼얹는다.

# 껍질째, 뿌리째, 씨앗째 먹어야 약

"뿌리는 생명의 버팀목이라서 에너지가 많으니 먹고, 껍질엔 생명을 보호해주는
항산화물질이 많으니 먹고, 씨앗은 생명의 원천이니 버리지 말고 먹어야 합니다."
제가 늘 하는 얘기입니다. 뿌리, 껍질, 씨앗은 부드러운 음식일수록 좋은 음식인
줄 알던 시절에는 모두 버렸지요. 그런데 알고 보니 모두 약재로 쓰이더라고요.
'아, 약이 되는 건 버리고 먹고 살다가 병이 드니 약을 사먹는구나. 거꾸로 살고
있었구나.'
어느 날 문득 깨닫고는 껍질째, 뿌리째, 씨앗째 먹기로 했어요. 그렇게 먹으니
똥이 '황금색'으로 변했습니다. 몸 속 찌꺼기를 잘 걸러주기만 해도
병소가 쑥 줄어들게 마련입니다. 결국은 피가 맑아지고 순환이
잘되면 몸의 자정 능력과 자생 능력이 살아나게 되지요. 생명의
신비한 힘은 그렇게 강렬합니다. 잡초의 질긴 생명력이 그걸 잘 보여주지요.
살림음식연구소의 두 젊은 아가씨가 제 말을 잘 이해했나봅니다. 호박 씨앗을
긁어내어서 햇볕에 말린 다음 노릇하게 구워내네요. 호박 씨앗의 단단함을 살짝
익히는 걸로 먹기 좋게 만들었네요.
"이런! 이 작은 단호박 씨앗도 말린 거야? 야, 맛있네!" 놀랍기도 하고 흐뭇하기도
하고 미덥기도 한 젊은이들입니다.

살림음식으로
차린
6월 밥상

내 몸 살리는 여섯 번째 이야기

온갖 산나물과 들나물로 밥상을 채운다

## 산의 기운을 품은 산나물을 캐다

녹음이 짙어가는 오뉴월 숲속에는 새봄과는 또 다른 먹을거리들이 지천이에요. 그렇기에 미루마을 내 집 마당에서 한눈에 들어오는 산이 모두 내 것인 양 배가 부릅니다.

강의하느라 집을 비웠다 돌아오면 우리 집 현관 앞에 산나물 바구니가 놓여 있을 때가 더러 있어요. 마을사람 누군가가 나물을 뜯어서 제 몫으로 조금 나누어주는 거지요. 그럴 때면 "아, 또 우렁각시가 다녀갔네" 합니다. 1년 먹을 장아찌를 준비하느라 윗집 할머니께 산나물을 따로 부탁을 드렸더니 커다란 바구니로 한가득 온갖 나물을 캐다주셨어요. 나도 이름을 모르는 나물이 많아서 할머니에게 일일이 배웁니다. "이건 잔대고 요건 또랑나물, 그리고 삽주잎, 망초…" 할머니께서 캐다주신 산나물들을 씻어서 살짝 말린 다음 장아찌 담을 준비를 하는 내내 나물 향이 가슴까지 스며듭니다.

재배나물은 순하긴 하지만 야생나물에 비해 아무래도 생명력이 약합니다. 사람의 손길이 닿지 않은 흙을 딛고 솟아나온 산나물, 들나물은 자연의 생명력을 그대로 간직하고 있어서 우리 몸의 면역력을 키워주고 항산화 물질을 많이 내어주지요. 그래서 봄부터 여름까지는 갖가지 들나물, 산나물로 밥상을 채워도 모자람이 없어요. 많은 환자들이 야생나물의 효험을 보았다고 하는데 그 또한 당연한 이치지요.

성불산 정상 가까이에 원추리 군락지가 있다기에 평화가 깃든 밥상 살림음식
연구생들과 함께 성불산을 오르면서 산나물 공부를 하기로 했어요.
가는 도중 먹을 수 있는 식물을 발견하면 멈추어 서서 함께 들여다봅니다. "이건
뭘까요?" 궁금한 이가 물으면 "이건 시금치랑 비슷하게 생겼다고 해서 산시금치,
시큼해서 시금초라고도 해요."라고 아는 이가 답해줍니다. 그러고는 너도 나도
둘러서서 모양새도 눈에 익히고 뜯어먹어도 봅니다. 모두들 낯선 보물을 발견한
아이마냥 호기심과 설렘이 가득한 얼굴을 하고서. 그렇게 가다 멈추다 하며
목표로 한 원추리 군락지를 찾아내었는데, 고라니가 우리보다 먼저 다녀갔네요.
고라니가 뜯어먹고 남은 원추리를 채취하는데, 더러는 나물 뜯기보다는 그저 산을
느끼고 냄새 맡고 소리를 듣는 데 마음을 빼앗긴 이도 보입니다. 그것 또한 그대로
좋습니다.

나들이의 재미 중 도시락 먹기를 빼놓을 순 없지요. 다들 각자 밥을 싸온 터라
펼쳐놓은 도시락이 각양각색, 마치 도시락 경연장 같은데 연구생들은 아무래도 제
도시락이 제일 궁금한가 봅니다. 여유 있게 준비해간 도시락을 돌려가며 맛보고
제철재료를 이용해 찐 떡과 과일까지 나누어 먹으니 넉넉하기가 이를 데 없습니다.

봄에 뿌린 텃밭 채소들이 하루가 다르게 쑥쑥 자라 미루마을에서는 집집마다
텃밭 채소 거둬 먹는 재미와 기쁨이 넘쳐납니다. 나도 요즘은 과일과 햇살에
잘 말린 곡물가루, 한두 알의 호두, 그리고 한 숟가락의 꿀에 이른
아침 텃밭에서 바로 뜯은 채소를 곁들여 아침을 먹습니다. 바로 뜯은
채소의 맛과 향을 능가할 성찬이 따로 있을까요.
요즘 미루마을 사람들은 하루하루 사는 맛이 더해간다고 합니다. 담장이 따로
없으니 이웃과 더불어 사는 기쁨이 있고 무엇보다도 맑은 공기와 신선한 먹을거리에
몸이 건강해지고 밤이면 북두칠성과 은하수를 올려다보며 반딧불이까지 볼 수
있으니, 이런 소소한 행복 때문에 도시를 떠나면서 가졌던 불안과 걱정들은 점점 더
작아져가고 웃음소리는 자꾸자꾸 커져갑니다.

산나물, 들나물은
우리 몸의
면역력을 키워주고
항산화물질을 많이
내어줍니다.

장아찌 담글 산나물들은 바람이
잘 부는 곳에 널어 꾸들꾸들 말린다.

111

# 산나물 말려 발효액 만들고 장아찌 담가

내가 주로 쓰는 양념은 집에서 담근 간장과 된장, 그리고 흔히 효소라고도 하는 산야초발효액입니다. 하나같이 햇살과 바람으로 익히고 삭힌 양념인지라 그것으로 음식을 만들 때는 조리과정을 최대한 줄이고 재료가 지닌 생생한 맛과 기운을 놓치지 않으려고 해요.

원재료에 당분을 더해 발효시켜 거른 액을 흔히 효소라고 하지만, 그건 서로 알기 쉽게 부르는 말이고 발효액이라 부르는 것이 정확합니다. 당의 발효과정에 약간의 알코올 가스가 나오므로 알코올발효법이라고도 할 수 있겠지만 알코올의 농도는 약합니다. 이렇게 발효를 시키면 효소성분이 아주 많아지기 때문에 효소라고 부르는 거지요.

도시에서는 산나물을 직접 채취하기가 쉽지 않으니 한방재료상에서 민간약재로 널리 쓰이는 민들레, 질경이, 당귀, 둥글레, 쑥, 연자육, 감초, 자소엽 등을 구입해 골고루 섞은 다음, 원당 시럽을 끓여 붓고 발효와 숙성 과정을 거쳐 거르면 산야초발효액이 됩니다. 양념에 두루 쓰지요. 그 밖에 오미자발효액도 즐겨 쓰는데, 달콤새콤한 오미자의 맛과 향이 살아있어 드레싱이나 소스를 만들 때 아주 요긴해요. 방풍, 당귀, 삽주잎, 쑥, 씀바귀, 잔대, 또랑나물, 미나리 등 야생나물을 꾸덕하게 말려서 된장이나 간장, 고추장에 묻어 삭혀서 먹는 발효장아찌는 밑반찬으로 그만입니다. 특히 여름철 더위에 나른해진 몸에 힘을 주고 입맛을 살리는 역할을 톡톡히 하는 반찬거리지요. 맛있는 장아찌 한두 가지만 있어도 보리밥 한 그릇은 뚝딱입니다. 장아찌를 담글 때, 재료를 묻어둘 된장과 고추장을 배합하면서 산야초발효액을 넣어주면 효소의 작용으로 저장성도 높고, 숙성도 빨라집니다. 그래서 발효액을 섞어 담근 장아찌는 바로 먹어도 깊은 맛이 살아나요. 또, 산야초발효액은 장아찌를 한층 부드럽고 깊은 맛이 나게 만들어 줍니다.

# 일 년 내내 두고 쓸 산야초&오미자발효액 만들기

양념장을 만들거나 소스를 만들 때 필수 양념으로, 다른 양념으로는 흉내 낼 수 없는 특유의 맛과 향이 있다.
대사 작용과 노폐물 분해 작용이 뛰어나 음식의 약성을 높여주는 특별한 양념이다. 유기농 마켓에서 구입할 수도 있지만,
비싼 편이니 직접 담가서 다양하게 활용하면 좋다.

산야초를 면보에
펼쳐 먼지 제거하기 / 항아리에 넣기 / 뜨거운 시럽 붓기 / 산야초발효액 완성

숙성된 산야초발효액과
오미자발효액

••• 말린 산야초 1kg, 원당 10kg / 말린 오미자 1kg, 유기농 설탕 10kg

1 말린 산야초나 말린 오미자는 면보에 펼쳐 먼지를 제거하고 항아리에 붓는다. 산야초는 원당으로, 오미자는 유기농
설탕으로 *시럽을 만들어 뜨거울 때 붓는다.
2 햇볕이 잘 들고 바람이 잘 통하는 곳에 보관하면서 처음 2주까지는 매일 저어준다. 그 후에는 가끔씩 저어주면서 잘
숙성하는지 관심을 가지고 보살펴준다. 곰팡이가 피었을 때는 걷어내고 잘 저어준다. 당도가 부족하거나 깨끗하게 마르지
않은 재료를 사용하면 곰팡이가 생길 수도 있다. 걷어낸 후에도 곰팡이가 계속 생길 때는 원재료를 걸러내고 액만 따로
보관, 숙성시킨다.
3 산야초는 6개월 정도 숙성시키는 게 좋고, 오미자는 3개월 정도만 숙성시키면 된다.
4 걸러낸 발효액은 실온에서 보관해도 되지만, 당도가 부족하다 싶을 때 냉장 보관하는 것이 좋다.
5 걸러낸 약재에다 처음 시럽 양의 1/2 정도만 시럽을 만들어 부어 다시 발효시킬 수 있다.

오미자를 면보에 펼쳐
먼지 제거하기 / 항아리에 넣기 / 뜨거운 시럽 붓기 / 오미자발효액 완성

유기농 설탕의
종류

공정무역을 통해 들어온 마스코바도와 남미에서 생산
되는 파넬라 등 두 종류의 사탕수수 농축 원재료인 원
당에는 미네랄이 많이 들어 있어서 맛과 향이 좋다. 일
본 오키나와 원당도 좋지만 너무 비싼 게 흠.
우리나라에서는 사탕수수가 재배되지 않기 때문에 모
두 수입산인데 유기농으로 재배한 사탕수수로 만든
것인지 꼼꼼히 따져봐야 한다.
같은 유기농이라도 조금 더 가공된 설탕은 쌀로 치면
오분도미, 원당은 현미라고 생각하면 쉽다. 원당은 색
이 강하기 때문에 오미자나 매실, 유자잼을 만들 때는
일반 유기농 설탕을 쓰는 게 좋다.

## *시럽 만들기

1 산야초 재료 1kg에 원당 10kg이 필요하므로,
원당 10kg을 모두 시럽으로 만들어야 한다. 원당
3kg당 물 5ℓ의 비율이 가장 정확하다. 따라서
10kg의 원당에는 16.5ℓ의 물이 필요하다. 냄비가
작을 때는 여러 번 나누어서 시럽을 만들어 붓는다.
2 불에 올리기 전에 적당히 저어준 뒤 불에 올린다.
불에 올린 후에는 젓지 않도록 한다(불에 올리고
저으면 시럽이 딱딱해진다). 계속 센 불에서 끓여도
좋고, 원당이 끓어 많이 튄다면 중간 불로 줄여도
된다. 떠오르는 거품은 걷어내고 양이 2/3가 될
때까지 졸인다.
3 오미자발효액을 만들 때 쓰는 시럽은 유기농
설탕 10kg을 사용해 같은 방법으로 만들면 된다.

➕ 산야초발효액은 사철 아무 때나 담을 수 있는데 이른
봄이 제일 좋다. 서늘하고 바람이 잘 통하는 곳에 두고
정성껏 돌봐야 좋은 발효액을 얻을 수 있다.

113

## 아카시아발효액은 양념으로, 드레싱으로 사용

식물에 대한 지식만 해박한 게 아니라 돌쌓기, 조경하기에도 남다른 재주가 있어서 마을 내 집집마다 조경을
도와주는 광선이 아빠가 커다란 항아리에 담고도 남을 만큼 아카시아 꽃을 채취해 왔어요. 집집마다 남정네들이
아카시아 꽃을 따다 주는 모습을 보고 은근히 부러워하던 터라 내 입이 함박만 해졌지요.
"아유, 광선이 아빠, 꽃값 대신에 이 항아리에 아카시아발효액을 담아 항아리째 드릴게요. 어떠세요?"하니
"네~ 좋습니다~"하네요. 이래서 아카시아 꽃은 다음날도 그 다음날도 우리 집 마당에 가득가득 쌓이고 아카시아
꽃향기에 취한 나는 꽃으로 부침도 만들어서 나누어 먹고 유기농 설탕시럽을 끓여서 식힌 다음 꽃이 가득한
항아리에 붓기를 여러 번에 걸쳐서 하고 있어요.
몇 년 전에 땅끝 마을 강진, 다산초당 아래에서 살 때에도 아카시아발효액을 담았는데 그 향이 너무 매혹적이라
두고두고 생각났거든요. 아카시아발효액은 주스로도 먹고 음식의 양념, 샐러드드레싱으로도 두루
사용하는데 이뇨와 항염 작용이 있고 기관지에 좋다고 알려져 있어요.

## 주스, 양념, 드레싱으로 활용
# 아카시아발효액 만들기

••• 아카시아 꽃 10kg, 유기농 설탕 10kg, 물 8ℓ

1 아카시아 꽃을 흐르는 물에 씻어 바람이 잘 드는 그늘에서 한나절 동안 말린다.
2 아카시아 꽃과 설탕 5kg를 잘 버무려서 항아리에 넣고 하루에 한 번씩 잘 섞어준다.
3 2~3일 지난 다음 설탕 5kg에 물 8ℓ를 섞어 설탕시럽의 양이 2/3가 될 때까지 졸인 후 식혀 붓는다.
4 2주일 이상 매일 저어주고 이후에는 1주일에 두 번 정도 저어준다.

✚ 바람이 잘 통하는 서늘한 그늘에서 발효하는 것이 좋다.


### 아카시아메밀전병

••• 아카시아 꽃 10개, 메밀가루 2/3컵, 통밀가루 1/3컵,
구운소금 1작은술, 현미유 3큰술, 물 1컵

1 아카시아 꽃은 흐르는 물에 씻어둔다.
2 메밀가루와 통밀가루, 소금을 섞고 물을 넣어
반죽한다.
3 팬을 달군 뒤 중불에서 현미유를 두르고 반죽을
한 숟가락씩 떠놓아 노릇하게 지진다. 꺼내기 직전에
아카시아 꽃을 얹어서 한 번 더 살짝 익힌다.

### 아카시아주스
아카시아발효액에 생수를 섞어서 주스를 만든다.

# 햇 장아찌와 묵은 장아찌가 어우러진 초여름밥상

모둠산나물된장장아찌
모둠산나물고추장장아찌
모둠산나물간장장아찌
돌미나리고추장장아찌
버섯고추장장아찌
산나물보리밥쌈

장아찌는 그 역사가 아주 오래된 우리나라의 전통 음식입니다. 원래는 채소절임을 통칭해 '지'라 불렸는데,
지금도 쓰이는 묵은지, 짠지, 오이지 같은 말들에서 그 흔적을 찾을 수 있습니다. 기록에 따르면 우리 조상들은
삼국시대부터 이미 소금이나 간장, 초, 술지게미 등을 이용해 채소절임을 만들어 먹었다고 합니다.

요즘 전 세계적으로 발효식품에 대한 관심이 커지고 있는데, 일찌감치 발효기술을 이용해 음식을 저장하고 맛을
더할 줄 알았던 조상들의 지혜 덕분에 우리는 몸에 좋은 발효식품을 이토록 다양하게 즐길 수 있으니
그저 감사할 따름이지요.

우리 조상들이 가장 즐겨 먹었던 장아찌는 산나물로 만든 장아찌가 아니었을까 생각해요. 금수강산이라 불릴
만큼 산이 많은 우리나라 지형상 산에 먹을거리가 지천이었으니 그것만 잘 저장해두면 사철 내내 반찬걱정은
하지 않아도 됐을 테니까요.

보리밥에 깨소금과 참기름을 넣고 버무린 다음 잘 삭힌 고추장장아찌나 된장장아찌를 박아 주먹밥을 만들면
여름 나들이용 도시락으로 그만입니다.

### 버섯 고추장장아찌

••• 느타리버섯·새송이버섯·목이버섯 2줌씩, 고추장 3컵,
산야초발효액 2/3컵, 집간장 6큰술

1 느타리버섯은 새끼손가락 굵기로 찢고 새송이버섯은
도톰하게 썰어 바람이 잘 통하고 볕이 잘 드는 곳에서 이틀 정도
꾸덕꾸덕하게 말린다. 비교적 수분이 적은 목이버섯은
사방 2cm 크기로 잘라 하루 동안 말린다.
2 고추장에 산야초발효액과 간장을 섞어 양념고추장을 만든다.
3 용기에 버섯을 각각 따로 조금씩 넣고 양념고추장을 켜켜이
발라준다. 버섯이 모두 고추장에 박히도록 충분히 발라주는
것이 좋다. 세 가지 버섯을 한데 섞어서 해도 된다.

우리나라 전통 음식인 장아찌는
몸에 좋은 발효식품 중
하나지요. 몇 가지 만들어 두면
반찬걱정 없어요.

### 돌미나리고추장장아찌

••• 돌미나리 6줌, 고추장 2컵, 산야초발효액 1/2컵,
집간장 4큰술

1 돌미나리는 깨끗이 손질한 다음 씻어서 물기를 빼고 줄기와
입을 따로 떼어 바람이 잘 통하는 그늘에서 반나절 정도 말린다.
2 고추장에 산야초발효액과 간장을 섞어 양념고추장을 만든다.
3 용기에 돌미나리를 조금씩 넣고 양념고추장을 켜켜이
발라준다. 전체가 고추장에 박히도록 충분히 발라주는 것이
좋다.

### 모듬산나물된장장아찌

••• 여러 가지 산나물 6줌, 된장 2/3컵, 산야초발효액 1과1/2컵

1 여러 가지 산나물을 씻어 바람 잘 드는 그늘에서 반나절 정도 물기가 가시도록 말린다.
2 된장에 산야초발효액을 섞어서 짠맛을 없애고 묽게 만든 다음, 꾸들꾸들 말린
산나물에 골고루 발라 실온에서 하루 삭힌 다음 냉장 보관한다.

### 모듬산나물고추장장아찌

••• 여러 가지 산나물 6줌, 고추장 2컵, 산야초발효액 1/2컵, 집간장 4큰술

1 나물을 깨끗이 손질한 다음 씻어서 물기를 뺀 다음 바람이 잘 통하는 그늘에서 반나절
정도 말린다. 고추장에 산야초발효액과 간장을 섞어 양념고추장을 만든다.
2 용기에 산나물들을 조금씩 넣고 양념고추장을 켜켜이 충분히 발라준다.

### 산나물보리밥쌈

••• 불린 오분도미·불린 찰보리 1컵씩,
산나물·된장 적당량씩, 물 2컵 남짓

1 불린 오분도미와 불린 찰보리를 한데 섞어 물을 붓고 쌀알이
늘어진다는 느낌이 들게 밥을 짓는다.
2 산나물은 끓는 물에 살짝 데쳐 물기를 거둔다. 데친 나물을
식혀 한 줌씩 잡아 그 위에 밥과 된장을 얹어 싸 먹는다.

### 모듬산나물간장장아찌

••• 방풍·당귀·삽주·취나물 2줌씩, 집간장 1/2컵,
현미식초·원당 1/2컵씩

1 각각의 나물을 깨끗이 손질해 씻고 물기를 뺀 다음 그늘에서
1시간 정도 말린다.
2 간장, 식초, 원당을 섞어 끓이다가 한 번 팔팔 끓으면 불을 끈다.
3 용기에 산나물을 담고 간장물이 뜨거울 때 붓는다.
4 다음 날 간장물을 따라내어 다시 끓여 식힌 다음 재료에
부어서 냉장 저장한다.

# 간단하고 소박해서 여유로운 밥상

호박찜

가지꽈리고추애호박찜

양배추머위잎쌈밥

밥상이 소박하고 단순할수록 삶의 여유와 멋을 새삼 느끼게 됩니다. 내가 먹는 푸성귀만이라도 내 손으로 길러 먹고 싶은 바람으로 내 손으로 땅을 갈고 씨앗을 뿌려 텃밭을 가꾸니 사는 게 재밌고 밥상에도 즐거움이 넘칩니다. 밭에서 방금 딴 **가지와 호박, 꽈리고추**를 날콩가루에 살살 버무려서 김이 오르는 찜솥에서 뜨거운 증기를 쐬어 익힌 **채소찜**과, 간장과 볶지 않은 생들깨로 짠 들기름에 물을 조금 붓고 살짝 익힌 **애호박찜**은 초여름 밥맛을 더해주는 아주 맛난 반찬거리입니다. 밭에서 갓 뜯은 상추쌈에 버금갈 만큼 여름내 먹어도 질리지 않는 훌륭한 찬거리예요.

달착지근하게 쪄낸 **양배추에 보리밥을 놓고 미나리장아찌를 넣어서 도르르 말아** 썰면 맛은 물론이고 상차림에 멋까지 더해주니 손님상에도 부족함이 없습니다.

### 양배추머위잎 쌈밥

••• 잡곡밥 4공기, 양배춧잎 큰 것 8장, 머위잎 중간크기 15장 정도, 고추장장아찌 4큰술

1 양배춧잎과 머위잎을 김이 오르는 찜솥에 찌고, 고추장 장아찌는 잘게 썬다.
2 찐 양배춧잎 위에 찐 머위잎을 겹쳐 놓고 밥을 길게 펴 놓은 다음 고추장장아찌를 얹어 김밥 말듯이 말아 한입 크기로 썬다.

### 가지꽈리고추애호박찜

••• 가지 1개, 애호박 1/2개, 꽈리고추 한 줌, 생콩가루 1과1/2컵
**양념장》** 집간장 4컵, 현미식초 2~3큰술, 참기름 1/2큰술,
통깨 3작은술

1 가지는 길게 반으로 쪼개 2cm 길이로 썰고, 애호박은 0.5cm
두께로 반달썰기 한다. 꽈리고추는 가지와 길이를 맞추어 썬다.
2 준비한 재료에 생콩가루를 골고루 묻힌다.
3 김 오른 찜솥에 베보자기를 깔고 생콩가루 묻힌
가지·애호박·고추를 넣어서 한김 오를 때까지 찐 후 양념장을
곁들이거나 뿌려 먹는다.

122

초여름 밥맛을 더해주는 애호박찜은
잘 숙성된 간장과 생들깨로 짠
들기름만으로 맛을 내죠

### 호박찜

●●● 조선호박 1개, 붉은고추 2개, 집간장 2큰술,
생들기름 1큰술, 물 1/2컵

1 조선호박을 도톰하게 잘라 4등분하고
붉은고추는 동그랗게 썬다.
2 냄비에 물과 조선호박, 붉은고추, 간장,
생들기름을 넣고 폭 찐다.

약초맛물 온국수

장소스 냉국수

오미자발효액
비빔국수

손님 치를 때 좋은
면 요리 세트 메뉴

배추에 간장, 원당, 식초 끓인 소스를 부어 익히면 맛있는 장김치가 되는데 배추는 건져서 김치로 먹고 남은 소스는
잘 보관해두었다가 샐러드드레싱으로 쓰면 좋아요. 더운 여름에는 통밀국수나 메밀국수를 삶아 헹궈서 고추냉이와
오이, 토마토를 곁들여 장김치 소스에 담가 먹어도 맛있고, 이 감칠맛은 순전히 집간장과 맛있는 양조식초, 원당,
배추가 어우러져 만들어낸 환상의 소스 맛 덕분이에요.

내친 김에 국수 맛의 진수를 보자 싶으면 진하게 우려낸 육수에 만 뜨거운 온국수 또한 초여름의 이열치열 음식으로
최고지요. 이때 중요한 것은 국수에 올리는 고명을 기름에 볶지 않아 개운한 맛을 살리는 것이지요. 또 하나 볶은
깨를 곱게 빻아 아낌없이 뻑뻑하게 넣은 양념장입니다. 개운함을 더하려면 청양고추를 다져넣고 참기름을 넉넉하게
부어서 고소함도 한껏 살리면 어떤 잔치국수도 부럽지 않은 맛을 냅니다.

마지막에는 새콤달콤한 오미자발효액으로 만든 소스에 과일과 오이와 상추를 얹고 오색국수를 조금 보태어서
샐러드 국수를 만들면 입맛을 마무리에 하기에 딱 알맞은 국수요리가 되지요.

### 오미자발효액 비빔국수

••• 오색국수 한 줌, 상추 4장, 오이 1/2개, 치커리 2장, 파프리카 1/2개, 사과 1/2개, 청양고추 2개

**양념}** 오미자발효액 3/4컵, 집간장 5큰술, 생들기름 2큰술

1 채소와 과일은 곱게 채썰어서 준비한다. 고추는 다진다.
2 오미자발효액에 간장, 다진 고추, 생들기름을 넣고 잘 섞는다.
3 오색국수를 삶아 건져 준비한 채소와 함께 담고 오미자양념장을 곁들인다.

✦ 샐러드국수라고 부를 만큼 개운해서 후식으로 먹으면 좋다.

### 약초맛물 온국수

••• 쌀국수 2줌, 시금치 2줌, 애호박 1개, 표고버섯 4개, 느타리버섯 한 줌, 김 1장, 집간장 1/2큰술, 참기름 1작은술, 구운소금 1작은술, 약초맛물 6컵
**약초맛물}** 물 4ℓ, 황기 1뿌리, 오가피 1/2줌, 칡뿌리 작게 자른 것 1개, 감초 3~4개, 둥굴레 한 줌, 구기자 1큰술, 말린 표고버섯 4개, 다시마 사방 10cm 1장, 대추 10개, 사과 1개, 당근 1/2개, 양배추 1/2개 (그 밖에 맥문동, 산수유, 하수오, 엄개나무 줄기가 있다면 더해도 좋다)
**참깨양념장}** 참깨 수북이 4큰술, 청양고추 1개, 집간장 4큰술, 참기름 1큰술

1 물 4ℓ에 약초맛물 재료들을 넣고 중불에서 30분 정도 끓여 걸러준다.
2 시금치는 데쳐서 간장과 참기름으로 싱겁게 무친다. 애호박은 채썰어 소금 1작은술을 넣고 10분 정도 절였다가 물기를 짜고 기름 없이 볶는다. 표고버섯은 채썰어 기름 없이 볶고, 느타리버섯은 가늘게 찢어서 끓는 물에 데친다.
3 국수를 삶아 건져 그릇에 담고 준비한 시금치, 애호박, 버섯을 얹어 뜨거운 약초맛물을 붓고, 참깨양념장을 곁들인다. 김은 구워서 국수 먹기 직전에 부숴서 뿌린다.

✦ 양념장을 만들 때 깨를 곱게 빻아주면 더 고소하고, 다진 청양고추를 넣어주면 개운한 맛이 난다. 양념장의 농도가 되직해야 깊은 맛이 난다. 고수를 잘게 썰어서 양념장에 넣으면 향기도 좋고 속도 따뜻하게 풀어준다.

### 장소스 냉국수

••• 통밀국수 한 줌, 오이 1개, 토마토 1개, 어린잎채소 조금, 겨자가루 1큰술, 장김치국물 2컵

1 통밀국수를 삶아 건져 아기 주먹만 하게 사리를 지어 그릇에 담는다. 오이는 채썰고 토마토는 8등분해 어린잎채소와 함께 곁들인다.
2 소스로 장김치국물을 그릇에 담고, 장김치와 함께 절였던 고추가 있다면 다져 넣는다. 갠 겨자를 곁들이고 먹기 직전에 냉국수에 김가루를 조금 뿌려도 좋다.
3 국수와 곁들인 채소를 장소스에 찍어 먹는다.

✦ 메밀국수처럼 장에 적셔 먹는 국수요리로 장김치국물을 소스로 사용한다.

# 소 풍 가 는 날

일주일에 하루씩, 하루 온종일 요리실습이 있고 격주로 여러 과목의 이론 수업이
진행되며 한 달에 한두 번 1박2일이나 2박3일간 워크숍과 단식캠프 등 꽉 짜인
커리큘럼을 소화하기에도 벅찬데 오고가는 길까지도 멀어 살림음식연구생들이 말은
안 해도 헉헉거리는 기색을 선생인 내가 모를 리가 없지요. 그래도 음식을 공부하려면
그 모든 게 필수이니 어쩔 도리가 없어요. 이왕이면 모든 수업을 축제로 느꼈으면
좋겠다는 바람을 담아서 이렇게 저렇게 신명을 돋우려고 산행을 계획했어요. 그래서
산행을 할 때도 각자 도시락을 싸오라곤 했지만 혹시나 해서 내 도시락을 좀 넉넉히
장만했고요. 산에 오르면 목이 마를 테니까 수분이 많은 오이와 방울토마토를
봉지에 담고 서리태와 원당을 넣고 찐 현미쑥절편(유기농 현미쌀과 서리태, 원당과
구운소금을 하루 전날 방앗간에 맡기면 절편을 만들어준다)과 서리태를 넣은
현미설기떡을 준비했어요. 부산스럽게 장만한 풍성한 음식보다는 정성이 깃든 간결한
음식이 훨씬 맛깔난다는 것을 알기 때문에 김밥이나 주먹밥도 그날 있는 재료에
따라서 만들었습니다.

먼저 김밥은 살짝 구운 김에 잡곡밥을 고슬고슬하게 지어 소금과
참기름으로 간하여 얇게 편 뒤 단호박, 우엉, 당근, 장김치, 깻잎을
잘게 다져 간장과 고추장, 식초, 원당으로 간하여 볶은 것과 여러 가지
산나물을 데쳐 쫑쫑 썬 것을 속으로 넣고 말아요. 머위줄기쌈밥은 줄기와
잎을 따로 떼어서 살짝 찐 머위쌈에 밥을 한입 정도 얹고 오미자발효액과 된장, 다진
청양고추를 섞어 만든 생된장소스를 조금 넣고 싼 것이에요. 양배추 찐 것과 적채찜은
먹기 좋은 크기로 잘라 같이 담고 찐 머위 줄기도 손가락 두 마디 정도 길이로 썰어
담았더니 모두 좋아하네요.

# 살림음식으로 차린 7월 밥상

내 몸 살리는 일곱 번째 이야기

자연을 내 것처럼 품고 살다

## 텃밭에서 거둔 채소와 열매로 차린 아침밥상

봄에 모종을 심을 때는 열심히 물도 주고 풀도 뽑지만 얘들이 제법 '튼실하게 자라나네' 싶어 밭을 세심히 들여다보는
일이 잠시 뜸한 사이, 어느새 주렁주렁 달린 고추와 가짓대에 건강하게 매달린 가지들을 보고 "와!"하고 놀랄 때가
많아요. 아랫집 월계씨 네가 자기 밭에 물을 주다가 우리 밭에 매달린 오이를 먼저 발견하곤 "선생님 댁 채소들이
잘 자라네요" 라며 부러워 할 때가 있어요. 길모퉁이로 비집고 나온 오이를 못보고 지나치기 일쑤인데 '아, 얘를 보고
그러는군' 하고 그제야 알게 되지요. 내가 심고 키운 오이지만 어느새 제법 크게 자란 가지나 오이를 보노라면 거저
얻은 것 같이 신기하기만 해요.
미루마을은 담도 없고 대문도 없어 네 집 내 집 없이 내 눈에 들어오는 모든 풀과 나무, 하늘과 숲이 내 것인 것만
같아서 남의 집 마당에서 잘 자란 채소와 열매를 보는 것도 기분이 좋아요.

이맘때쯤이면 마을을 감싸고 있는 국사봉의 넉넉한 가슴에 안기고 싶어서 차가운
물을 뿌려서 식혀둔 돌로 만든 너른 데크에 오크자리를 깐 다음 아예 얇은 인견
이불과 라벤더 향이 솔솔 나는 보송보송한 베개를 안고 마당으로 나옵니다. 맨발로
딛는 잔디의 까슬까슬함이 상쾌해서 춤이라도 출 듯이 잽싼 발걸음으로 마당을
한 바퀴 돌기도 해요.
마당의 돌 데크에 앉아서 일몰과 월출을 동시에 볼 수 있는
행운을 즐기면서 이마 위로 쏟아지는 은하수를 이불 삼아 아예
드러눕습니다. 하늘에선 진짜, 수많은 별들이 반짝입니다. 마치
보석이 박힌 카펫을 보고 있는 느낌입니다. 옆집 가족과 차 한 잔을 앞에
놓고 두런두런 얘기 나누기를 좋아하지만 은하수 아래에서 홀로 뒹구는 이 느낌이
너무 좋아서 새벽녘이 되도록 데크에서 뒹굴며 잠들다 깨다를 되풀이 합니다.
그러다가 이슬이 눅눅하게 스며들 즈음이 되면 삼베 이불과 라벤더 베개를 들고
집 안으로 들어가 잠시 눈을 붙입니다.

새벽 4시가 되면 신과 함께 시간을 보내기 위해 일어나서 세수를 하고 이층
다락방에 조용히 앉아 있습니다. 잠시 후면 곧 동녘 하늘을 물들이는 새벽 여명을
보게 됩니다. 동쪽으로 난 커다란 창을 가지고 있다는 건 크나큰 행운이지요.
아직도 촉촉하게 이슬이 맺힌 텃밭에서 상추와 로메인, 쑥갓,
로즈매리, 자소엽, 배질, 토마토를 뜯어서 옻칠한 나무그릇에 담고
사과 한 알에다 껍질을 깨뜨려 갓 꺼낸 싱싱한 호두알, 햇볕과 바람에
말리고 부순 스물두 가지의 유기농 곡물가루 그리고 구운소금
조금과 꿀 한 숟가락, 현미식초 한 방울을 곁들인 신선한 아침밥을
먹습니다.

오이고추피클

풋고추피클

오이가지피클

# 여름채소로 피클 담가 먹고, 저장도 하고…

스무 평 남짓한 텃밭에서 이것저것 심은 채소를 다 먹어내지 못하는 이유는 일 년에 서너 번 방문하듯이 오는 남편 때문이기도 하고, 하나밖에 없는 늦둥이 딸내미도 공부 때문에 집에 오지 못하고, 나는 일주일에 사오일 이상 있는 '평화가 깃든 밥상' 수업에서 학생들과 함께 밥을 먹다보니 집에서 밥 먹을 때가 적기 때문이기도 해요.
매주 화요일 헤이리의 논밭예술학교에 강의 가는 날, 이른 아침부터 밭에서 갓 딴 싱싱한 채소와 열매를 일산에 있는 딸아이에게 주고 싶어서 가득 준비하지만 아이가 먹기엔 너무 많은지 매번 다 먹지 못하고 버리게 되어서 딸아이는 미안해 하죠. "마트에서 산 것을 버릴 때는 그렇게까지 못 느꼈는데 엄마가 애써 키워 따다준 재료를 다 먹지 못하고 버리게 될 땐 정말 죄 짓는 것 같아요" 라고 하는 딸의 말을 "그래 이젠 알겠지?" 라고 흐뭇한 마음으로 듣게 돼요.

그렇게 못다 먹고 남은 채소며 열매는 장아찌를 담아 저장하는 게 좋은데 요즘은 짠 반찬보다는 슴슴한 걸 즐기는 편이라 새콤달콤한 피클류가 더 잘 먹히는 것 같아요. 피클은 초절임으로 한 저장식품인데 여러 가지 향신료를 넣어서 대체로 느끼한 서양음식을 먹을 때 아주 잘 어울리는 서양의 발효식품이지요.

서양에서는 향신양념을 통틀어서 스파이스(spice)라고 하는데 피클의
기본은 잘 삭힌 식초와 좋은 소금, 그리고 미네랄이 많은 원당의
배합이에요. 양념으로 넣는 스파이스의 종류에 따라서 맛과 향이
다르죠. 집집마다 즐기는 스파이스의 특징이 있는데 기호에 따라 다르게
선택해서 담그는 게 피클이죠. 마트에 가면 피클링 스파이스라고 여러 가지
향신료를 배합한 피클 전용 향신양념을 구할 수 있어요. 나는 밭에서 갓 딴
로즈매리와 통후추로 깔끔한 향을 내는 정도로 만족하지요.

물과 식초와 원당을 같은 양으로 준비하고 적당량의 소금과
약간의 로즈매리, 그리고 통후추 몇 알 만 있으면 어떤 종류의
피클이라도 담글 수 있어요. 먼저 재료를 깨끗이 준비한 다음
항아리에 담고 그 위에 스파이스를 뿌리고 잘 끓인 식촛물을 부어요. 처음엔
뜨거운 식촛물을 붓고 다음날 국물만 따라내어서 끓여 식힌 국물을 다시
부어요. 냉장 보관을 할 때는 이렇게 두 번만 끓여 부어도 저장성이 좋아요.
저장성을 더 좋게 하려면 우리나라에서 나는 여러 종류의 약초가루를 넣고
끓여주면 일 년이 지나도 먹을 수 있게 됩니다.

### 오이고추피클

••• 가시오이 5개, 아삭이고추 3개, 홍고추 2개,
로즈매리 15~20잎, 통후추 1큰술,
물·현미식초·원당 2컵씩, 구운소금 5큰술

1 오이와 고추는 1cm 길이로 동글동글하게 썬다.
2 준비한 오이와 고추를 유리병에 담고
로즈매리와 통후추를 뿌려둔다.
3 물, 식초, 원당, 소금을 섞어 끓여서 뜨거울 때
준비한 재료에 붓는다.
4 다음날 재료를 건져 소쿠리에 밭치고 남은 국물을
다시 한 번 끓여 식힌 다음 재료에 붓는다.

✚ 피클을 금방 먹으면 신선한 맛이 좋고, 냉장고에서 일주일
정도 숙성시킨 다음 먹으면 깊은 맛이 난다.
✚✚ 가시오이가 없으면 백오이를 써도 좋다.
✚✚✚ 아삭이고추는 오이와 고추를 접붙여서 품질 개량한
것. 피클용으로 쓰이기도 한다.

### 풋고추피클

••• 풋고추 60개, 로즈매리 15~20잎,
통후추 2작은술, 물·현미식초·원당 2컵씩,
구운소금 5큰술

1 고추는 꼭지 끝부분만 살짝 잘라 정리한 후
군데군데 포크로 구멍을 낸다.
2 준비한 고추를 유리병에 담고 로즈매리와
통후추를 뿌려둔다.
3 물, 식초, 원당, 소금을 섞어 끓여서 뜨거울 때
준비한 재료에 붓는다.
4 다음날 재료를 건져 소쿠리에 밭치고 남은 국물을
다시 한 번 끓여 식힌 다음 재료에 붓는다.

### 오이가지피클

••• 백오이 3개, 가지 3개, 로즈매리 15~20잎,
통후추 1큰술, 물·현미식초·원당 2컵씩,
구운소금 5큰술

1 오이와 가지는 3cm 길이로 썰고 세로로
4등분한다.
2 준비한 오이와 가지를 유리병에 담아
로즈매리와 통후추를 뿌려둔다.
3 물, 식초, 원당, 소금을 섞어 끓여서 뜨거울 때
준비한 재료에 붓는다.
4 다음날 재료를 건져 소쿠리에 밭치고 남은 국물을
다시 한 번 끓여 식힌 다음 재료에 붓는다.

✚ 백오이는 가시오이에 비해 수분 함량이 많아 더 아삭하다.

 →  →  →  →

가지장김치

오이지

가지지

# 여름농부의 건강을 지켜주는 가지오이밥상

새콤달콤한 피클이 순간 맛있게 여겨져도 우리들 입맛에는 피클보다는 그저 짭짤한 오이지나 가지지가 최고예요.
밭에서 갓 딴 싱싱한 가지나 오이에 소금물을 끓여 부어서 삭힌 가지지나 오이지는 맛이 담백하고 깔끔하죠.
여름엔 짭짤한 밑반찬에 젓가락이 잘 가는데 땀 흘리면서 함께 나간 나트륨을 보충하려는 몸의 자연반응이지요.
신기하게도 여름엔 짭짤하고 담백한 오이지만 있어도 밥을 맛있게 먹는데 오이의 찬 성분이 더위를 식히는데 도움이
되는 걸 몸이 먼저 안다는 거지요. 여름내 상추가 그렇게 맛있다가도 처서만 딱 넘겨도 상추에 손이 안가고 입추가
되면서 선듯한 바람이 불기 시작하면 발효가 잘 된 김치 넣은 청국장찌개가 자꾸 먹고 싶어지니까요.
어릴 때 어머니가 담가주신 가지지에 대한 기억도 나네요. 약간 쫀득하기도 하고 아삭하기도 한 묘한 식감의 담백한
가지지는 찬물에 말은 밥과 맛이 잘 어울렸지요.
뭐니 뭐니 해도 여름반찬으로는 맛있는 냉국 하나만 있어도 좋아요. 여름냉국 중에 널리 애용되는 게
오이미역냉국과 가지냉국이잖아요. 간장, 깨소금, 참기름을 넣고 조물조물 맛있게 무친 가지나 오이미역에 둥글레,
칡뿌리, 구기자, 황기나 당귀, 오가피 등의 약초들을 적절히 섞어서 끓여 식힌 약초맛물을 부어 내면 맛도 좋고 몸도
풀리는 느낌이 들지요. 때로는 이 냉국에 소면 국수를 말아 먹기도 합니다.

가지지

••• 가지 8개, 구운소금 1/2컵, 물 6컵

1 가지는 꼭지를 따고 잘 씻어 반으로 가른다.
2 물에 소금을 넣고 끓여 뜨거울 때 가지에 붓는다.
가지가 떠오르지 않도록 돌을 얹는다.
3 하루나 이틀 지나서 가지에 부었던 소금물을
따라내고 그 물을 다시 한 번 끓여서 식힌 다음 가지에
붓는다.
4 먹기 직전에 동글동글하게 썰거나 어슷 썰어 먹는다.
냉장 보관해야 오래 두고 먹을 수 있다.

✚ 구운소금 대신 일반 소금을 넣을 때는 소금의 양을 줄인다.
✚✚ 오이지나 가지지가 소금물에서 떠오르지 않도록 용기에
재료를 꽉 차게 담거나 돌을 얹어준다.
✚✚✚ 숙성된 가지지, 오이지를 동글썰기 해 생들기름과 다진
청양고추를 넣고 무치면 입맛을 돋우는 밑반찬이 되고, 가지지나
오이지에 물과 다진 청양고추를 넣으면 시원하고 매콤한 냉국이
된다.

가지지

가지장김치

가지장김치

••• 가지 8개, 물·원당·집간장 2컵씩

1 가지는 깨끗이 씻어 반으로 가른다.
2 물, 원당, 간장을 한데 섞어 끓여서 뜨거울 때 가지에 붓는다.
3 다음날 재료를 건져 소쿠리에 밭치고 남은 국물을 다시 한 번 끓여 식힌 다음
재료에 붓는다.

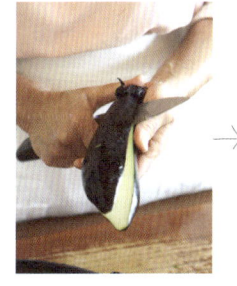

133

아삭하기도 하고
물컹하기도 한
묘한 식감의
담백한 가지요리예요.

가지냉국

가지무침

### 가지냉국

••• 가지 2개, 청양고추 1개, 집간장 4큰술, 현미식초 2큰술, 깨소금 1/2큰술,
참기름 1작은술, 약초맛물 4컵

1 가지는 반으로 갈라 김 오른 찜솥에 넣어 5분 정도 쪄낸다. 청양고추는 다진다.
2 찐 가지가 한김 나가면 0.5cm 정도 두께로 찢은 다음 간장 1큰술, 깨소금, 참기름,
다진 청양고추를 넣고 무친다.
3 차게 둔 맛물에 남은 간장 3큰술, 식초를 넣어 양념한다.
4 그릇에 무친 가지를 얌전히 담고 간장, 식초 섞은 맛물을 살며시 부어서 완성한다.

✚ 가지를 찔 때는 김 오르는 찜솥에 쪼갠 가지의 속이 위로 오도록 엎어 센 불에서 5〜7분
정도 찐다. 가지의 단단하기에 따라 찌는 시간이 달라질 수 있으나 너무 오래 찌면 물러질
수도 있으므로 주의한다.

### 가지무침

••• 가지 2개, 청양고추 1개, 집간장 2큰술,
깨소금 1/2큰술, 참기름 1작은술

1 가지는 반으로 갈라 찜솥에서 말랑하게
쪄내고 청양고추는 다진다.
2 찐 가지를 식혀서 먹기 좋게 가늘게 찢은 다음
다진 청양고추, 간장, 깨소금, 참기름을 분량대로
넣고 무친다.

오이미역냉국

오이미역무침

## 오이미역냉국

••• 가시오이 1/2개, 청양고추 1/2개, 염장미역 반 줌, 집간장 4큰술,
현미식초 2큰술, 통깨 1작은술, 참기름 1작은술, 약초맛물 4컵

1 오이는 곱게 채썰어 2~3분 정도 차가운 물에 담갔다가 건지고
청양고추는 곱게 다진다.
2 염장미역은 1시간 정도 물에 불린 다음 소금기가 가시도록
충분히 씻어 1cm 길이로 썬다.
3 준비한 미역에 간장 1큰술, 식초 1큰술, 통깨, 참기름을 넣고
조물조물 무친다.
4 차게 둔 약초맛물에 남은 간장과 식초를 넣어 맛을 낸다.
5 그릇에 무친 미역과 오이, 다진 고추를 담고 맛물을 붓는다.

## 오이미역무침

••• 오이 1/2개, 마른미역 반 줌, 청양고추 1/2개, 집간장 2큰술,
현미식초 2큰술, 구운소금 1작은술, 원당 1/2큰술, 통깨 1작은술,
참기름 1작은술

1 오이는 세로로 반을 쪼개 눈썹모양으로 썰고 미역은 1시간 정도
물에 불린 다음 깨끗이 씻어 3cm길이로 썬다. 청양고추는 다진다.
2 오이에 식초 1큰술, 소금, 원당을 분량대로 넣고 버무려 절인다.
3 절인 오이와 썰어둔 미역을 한데 섞어 다진 청양고추, 간장, 남은
식초 1큰술, 통깨, 참기름을 넣고 무친다.

## 오이지

••• 백오이 6개, 구운소금 1/2컵, 물 6컵

1 오이는 잘 씻어 물기를 빼둔다.
2 물에 소금을 넣고 끓여 뜨거울 때
오이에 붓는다.
3 하루나 이틀 지나서 오이에 부었던
소금물을 따라내어 그 물을 다시 한 번
끓여서 식힌 다음 오이에 붓는다.
4 먹기 직전 동글납작하게 썰어 담아낸다.
냉장 보관해야 오래 두고 먹을 수 있다.

✚ 오이가 소금물에 완전히 잠겨야 상하지
않는다. 오이가 떠오르지 않도록 항아리에 담은
후 무거운 돌멩이로 눌러두거나 병에 가득 차게
촘촘하게 넣어서 소금물을 잠기도록 붓는다.

## 깻잎순오이무침

••• 깻잎순 2줌, 오이 1개,
생들깨·생들기름 1큰술씩,
집간장 3~4큰술, 현미식초 2큰술

1 깻잎순은 깨끗이 씻어 한 잎씩
떼어놓고, 오이는 도톰하게 송송 썬다.
2 준비한 깻잎순, 오이에 양념을 하여
가볍게 버무린다.

여름에는 아삭하고 시원한
오이반찬 한 가지만 있어도 밥을
맛있게 먹지요. 오이의 찬 성분이
더위를 식히는데 도움이 되기
때문이에요.

## 오이소박이

••• 오이 4개, 미나리 2줌, 집간장 1/2컵,
고춧가루 3큰술, 산야초발효액 2큰술

1 오이는 2cm 길이로 썰어서 위에 십자로 칼금을 넣은
다음 20분 정도 간장에 절인다.
2 미나리는 1cm 길이로 잘게 썰어서 준비한다.
3 절인 오이의 간장물을 따라내어 미나리, 고춧가루,
산야초발효액에 넣고 버무려 양념소를 만든다.
4 십자로 칼금을 넣은 오이에 양념소를 박아 넣는다.

✚ 오이를 간장에 절일 때 칼금 넣은 부분이 간장에 담겨져야 잘
절여진다.

가지치즈구이

고추우엉냉잡채

깻잎순가지나물밥

오이소박이

고추가지카레볶음

깻잎순토마토된장냉국

# 끝물 가지와 고추로 차린 별미밥상

보랏빛 가지꽃이 진 자리에 야들야들하게 자라는 아기 가지를 차마 따기 아까워서 하루 이틀 미루다 보니 어느새 억세게 커 버렸네요.
미루마을 가지는 하우스 재배가 아니어서 아기 가지라도 뜨겁게 내리쬐는 여름햇살에서 자라 억세어지고 껍질이 두터워지지요.
그래도 들깻묵을 듬뿍 주고, 퇴비 거름을 넉넉히 주었기에 가지 향이 살아있고 맛이 달큰해서 장에서 파는 싱거운 가지와 비교할 수
없는 맛이지요.
야들야들한 가지는 뜨겁게 김 오른 찜솥에서 살짝 익힌 다음 죽죽 찢어서 간장과 참기름, 깨소금을 넣고 무치면 언제 먹어도 맛있지만
아이들은 물컹한 식감을 좋아하지 않아요. 그래서 요즘 아이들이 좋아하는 모차렐라치즈를 샌드위치 만들듯이 가지와 가지 사이에
넣고 통밀가루 옷을 입혀 노릇하고 파삭하게 구워 <mark>가지치즈구이</mark>를 해주면 아주 잘 먹어요. 뜨거울 때 먹으면 피자 먹는 것처럼
간식으로도 먹을 수 있어요. 곱게 채썬 고추와 향이 좋은 우엉 그리고 새하얀 새송이버섯을 삶은 당면과 함께 양념하여 버무린
<mark>고추 우엉냉잡채</mark> 또한 여름나기에 좋은 반찬이면서도 간식이나 가벼운 식사가 되네요.
여름에 내가 즐겨 먹는 음식은 보리쌀에 녹미와 적미를 보태어 넣고 채소를 함께 넣어서 지은 채소밥이에요. 밭에서 갓 딴 가지와
들깨순을 넣어서 <mark>깻잎순가지나물밥</mark>을 지었더니 별미밥이 되었어요.

밭에서 갓 딴 가지와 들깨순,
오이로 차린,
여름나기 좋은 밥과
반찬이에요.

### 깻잎순가지나물밥

••• 불린 오분도미 1컵, 불린 보리 1/2컵,
불린 적미·녹미 1/4컵씩, 가지 2개,
깻잎순 2줌, 물 2컵

1 불린 오분도미와 보리, 적미, 녹미를
한데 섞어 물을 붓고 밥을 짓는다.
2 가지는 2등분하여 반으로 쪼개고,
깻잎순은 한 장씩 떼어 준비한다.
3 밥이 뜸이 들면 준비한 가지와 깻잎순을
넣어 함께 뜸 들인다.
4 밥이 다 되면 가지는 먹기 좋게 찢어
깻잎순과 같이 밥에 섞는다.

### 깻잎순토마토된장냉국

••• 깻잎순 한 줌, 오이 1/2개, 토마토
중간크기 1개, 다진 청양고추 2작은술,
된장·현미식초 2큰술씩, 약초맛물 4컵

1 깻잎순은 2~3등분으로 썰고 오이는
곱게 채썬다. 토마토는 반으로 갈라
4등분한다.
2 약초맛물에 된장과 식초를 넣고 간을
맞춘다.
3 그릇에 깻잎순과 오이, 토마토 두 조각,
다진 청양고추를 담고 된장과 식초 섞은
맛물을 붓는다.

가지와 가지 사이에
치즈를 넣어 노릇하게
지지면 아이들
입맛에도 잘 맞아요.

### 고추우엉냉잡채

••• 풋고추 2개, 홍고추 1개, 우엉 1개, 새송이버섯 2개, 당면 3줌
**생와사비양념장**》 생와사비 2큰술, 꿀·현미식초 3큰술씩, 구운소금 1/2큰술

1 고추, 우엉, 새송이버섯을 6cm 길이로 곱게 채썰어 끓는 물에 살짝 데친다.
고추와 우엉은 찬물에 담갔다가 재빨리 건지고 새송이버섯은 그대로 식힌다.
2 당면은 끓는 물에서 10분 정도 삶아 투명해지면서 익으면 찬물에 재빨리
헹궈서 소쿠리에 건져둔다.
3 생와사비에 꿀, 식초, 소금을 섞어 양념장을 만든다.
4 준비한 재료를 한데 섞고 만들어 놓은 생와사비양념장을 넣어 버무린다.

### 가지치즈구이

••• 가지 2개, 모차렐라치즈 한 줌, 통밀가루 1과1/2컵, 구운소금 2작은술,
현미유 1/2컵, 물 1컵

1 가지를 0.2∼0.3cm 두께로 썰어서 엷은 소금물에 담갔다가 건진다.
2 통밀가루 1컵에 물을 섞어 반죽옷을 만든다.
3 준비한 가지에 마른 통밀가루를 묻힌 다음 가지와 가지 사이에 치즈를 넣는다.
4 치즈 넣은 가지에 만들어 둔 반죽옷을 입혀 달군 팬에 현미유를 두르고
노릇하게 지진다.

가지와 고추, 오이, 깻잎순을
먹기 좋게 썰어 간장양념해
볶은 후 강황가루를 뿌렸더니
별미반찬이 되었네요.

### 고수가지카레볶음

••• 풋고추 2개, 홍고추 1개, 가지 1개, 오이 1/2개, 깻잎순
2줌, 집간장 2~3큰술,
구운소금 2작은술, 현미유 2큰술, 강황가루 2작은술

1 고추는 1.5cm 두께로 송송 썰고, 가지는 3cm 길이로
잘라 네 조각으로 썬다.
2 오이는 1cm 두께로 동글게 썰어 소금에 3분 정도 절인
나음 물기를 짠다. 깻잎순은 한 장씩 떼어 씻는다.
3 달군 팬에 현미유를 두르고 고추, 가지, 오이를 넣어
볶으면서 간장으로 맛낸다.
4 고추, 가지, 오이가 부드럽게 익을 때쯤 깻잎순을 넣고
재빨리 볶아 그릇에 담고 강황가루를 뿌린다.

깻잎순메밀전병

깻잎순나물무침

깻잎순겉절이

## 마당 곳곳에 자란 들깨순으로 차리다
# 향기로운 깻잎순 반찬

들깨에는 오메가3가 듬뿍 들어 있고 불포화지방산이 많아서 건강한 식품 1순위로 꼽지요. 볶은 들깨보다 생들깨에
항산화물질이 훨씬 많아 되도록 생으로 먹는데 생들깨의 향에 익숙해지면 볶은 들깨는 텁텁하고 산패된 맛이 나서
안 먹고 싶어져요. 생들깨를 씻다보면 흘러내린 들깨씨앗이 마당 귀퉁이 어디라도 자리 잡고 쑥쑥 자라나요. 그럴
때는 들깨의 생명력이 강하다는 걸 새삼 느끼곤 하지요. 그렇게 마당 곳곳에서 자라는 들깻잎도 미처 다 먹어내질
못해요. 샐러드나 쌈에 곁들이기 위해 들깻잎을 뜯다 보면 '들깨순이 더 연하고 맛있겠다' 싶어서 순을 따서 소쿠리에
담아요. 메뉴에 없는 재료가 손에 들어올 땐 '이걸 어떻게 요리해볼까' 궁리를 하게 되지요.
밀가루보다 메밀가루를 즐겨 쓰는데, 메밀가루에 있는 해독성을 활용하려는 의도도 있지만 메밀가루 특유의 향과
고소함이 맛있어요. 자주 사용하는 메밀가루 전병에 들깨순을 올려 현미유에 지져내니 향과 맛이 더 좋네요.
끓는 물에 살짝 데친 들깨순을 간장과 들기름, 들깨가루로 묻히면 맛있어요. 생들깨순을 된장과 식초로 버무려서
샐러드로 만들어 먹으면 몸이 건강한 기운으로 가득해져요.

### 깻잎순 겉절이

••• 깻잎순 3줌, 홍고추 1개

**양념장}** 약초맛물·된장·생들기름·현미식초 각 1큰술씩

1 깻잎순은 깨끗이 씻어서 한입 크기로 떼어놓고,
홍고추는 반으로 갈라 얇게 채썬다.
2 약초맛물에 된장을 풀고 생들기름, 식초를 섞어
양념장을 만든다.
3 준비한 깻잎순, 홍고추에 양념장을 넣고 가볍게
무친다.

### 깻잎순나물무침

••• 깻잎순 4줌, 집간장 2큰술, 생들기름·생들깨 1큰술씩

1 깻잎순은 끓는 물에 데쳐서 차가운 물에 재빨리 씻어
건져 물기를 살짝 짠다.
2 데친 깻잎순에 간장, 생들기름, 생들깨를 넣고 무친다.

### 깻잎순 메밀전병

••• 깻잎순 2줌, 메밀가루 1컵, 통밀가루 1컵, 구운소금 1작은술, 현미유 4큰술, 물 2컵

1 깻잎순은 잎이 작은 것으로 골라 흐르는 물에 씻어둔다. 허브나 꽃잎을 준비해도 좋다.
2 메밀가루와 통밀가루를 한데 섞어 물을 넣어 반죽한다. 반죽물은 소금으로 간을 한다.
3 팬을 달군 뒤 약불로 맞춰 반죽물 2큰술을 떠서 놓고 숟가락으로 원을 그리듯 반죽을
둥글게 펴준다. 한 면이 다 익을 즈음 깻잎순이나 허브, 꽃잎을 한두 개 얹어 뒤집어 익힌다.
앞뒤가 살짝 노릇하게 익으면 접시에 담는다.

# 모시 잘라 감자풀로 붙인 창문

떠오르는 햇살의 아침 기운이 온몸을 가득 채울 수 있는
동녘창이 더 좋아서 침실과 거실이 동향이 되게 집을 지었더니
여름엔 아침 햇살이 방안 깊숙이 긴 시간 머물러서 더운데 창을
답답하게 가리는 커튼을 안 하려니 밖에서 안이 너무 환하게
보이는 거예요. 그래서 아이디어가 떠오를 때까지 한참을 그냥
내버려 둔 채로 지냈어요.

그러다가 어느 날 늘 곁에 두고 자주 만지작거리는 무명, 삼베,
모시에 눈길이 갔어요. '아, 그렇게 하면 되겠네!' 마침 좋은
생각이 떠올라 얼른 실행에 옮겼지요.

창문을 적당히 가릴 만큼 모시를 가위로 자르고, 작은
냄비에 한 컵 정도의 물을 붓고 감자전분 두세 술 넣어서
투명한 감자풀을 만들었지요. 이 감자풀에 모시조각을 넣고
조물조물해서 창문에 턱 붙이니 찰싹 달라붙어서 한두 해가
지나도록 끄떡없네요.

이렇게 모시조각으로 커튼을 대신 하니까 적당히 가려주면서
멋스럽기도 해서 온 집 안 여기저기 창문에 장난을 쳤어요.
그러다가 싫증이 나서 죽 떼어내니 창문의 풀 자국이 남아
그것은 물로 깨끗이 씻어내고 모시조각은 삶아 씻어서 행주나
냅킨을 만들기도 하고 옷을 만들어 입기도 해요.

살림음식으로
차린
8월 밥상

내 몸 살리는 여덟 번째 이야기

손수 만든 장독대와 텃밭...
마음까지 넉넉해지다

# 하루하루 풍요로워지는 미루마을의 여름풍경

'탄소 에너지 배출을 최소화하자'는 것과 좀 더 생태적이고 자연친화적인 삶을
살고 싶어 하는 사람들이 모여 만든 미루마을에서 두 번째 맞는 여름풍경은
지난해보다 넉넉하고 풍요로워졌어요.
지난 여름, 가을, 겨울을 보내면서 마당에서 피운 모닥불은 마을 사람들이
저절로 모여들기에 넉넉했고 감자와 고구마를 구워서 꼬챙이로 찌른 다음
잘 익은 것을 골라내어 까먹는 재미 때문에 아이들도 깡충거리고 뛰어놀기에
좋은 미끼가 되었습니다.
해가 바뀌고 어느새 봄이 되어 텃밭을 일구고 거름 먹여서 숙성시킨 땅에
씨앗을 뿌리고 모종을 심은 게 엊그제 같은데 쑥쑥 자라준 온갖 채소들이 신기하기도 하고 대견하기도 하면서
촌 살림살이에 익숙해져 가는 것을 깨닫게 됩니다. 그러는 동안 마을길도 포장되고 마을회관도 완성되어, 감자도
찌고 채소로 끓인 육개장과 추어탕으로 질펀하게 잔치도 치루고 음악회도 열었어요.

미루마을은 오십 집 남짓 모여 사는데 누군가가
손수 돌멩이 쌓고 흙을 실어 날라 마당을 가꾸기
시작하니 각자 정원 꾸미기에 경합이 붙은 듯
장독대, 화덕, 텃밭을 열심히 만들고, 어느 집은
작은 못까지 만들었네요. 작은 내를 끼고 돌며 마을을
한 바퀴 천천히 산책을 하려면 반 시간은 족히 걸리는데
주인장의 취향과 정성이 고스란히 묻어나는 마당 엿보는 재미
또한 쏠쏠하기만 하네요. 울타리도 대문도 없어
남의 집 마당을 가로질러 다니기 일쑤라서 너희 집
우리 집 구분이 잘 안가지만 아직까지는 별 탈이
없는데 내내 이렇게 살아가노라면 마을 전체가
하나의 커다란 가족이 될 것만 같군요.

우리 바로 옆집 준희씨 네는 두 부부가 어찌나 부지런하고
깔끔한지 미루마을 전체에서 이 집 잔디가 제일 깨끗해요.
아침저녁으로 잔디깎기를 돌려대니 그럴 수밖에요.
은근히 샘이 난 옆집에서도 잔디깎기를 돌려 보지만 아무래도
솜씨에 탄력이 붙은 준희씨 네만은 못해요.

# 텃밭에 먹을거리가 풍성하니 입이 함박만 해져

씨앗 뿌리고 모종 심을 땐 가늠이 잘 되지 않더니 지나보니 없는 게 없이 자라나고 있네요. 저 위쪽에 사는 젊은 내외 명희씨 네가 짬짬이 건네준 옥수수, 깻잎 등의 모종들과 뒷집, 옆집에서 서너 개씩 나눠준 채소 모종이며 씨앗들을 사양하지 않고 욕심껏 심은 데다가 흙살림에서 얻어온 감자 싹과 상추, 브로콜리 모종에 장날 시장에서 사온 호박, 가지, 토마토, 오이 모종까지 꽃밭과 채소밭을 가리지 않고 여기저기 심었더니 온 마당에 먹을거리가 가득해졌어요.

채소밭을 만들면서 제일 공을 들이는 일은 아무래도 모든 씨앗의 자궁이 될 토양을 만드는 일이지요. 지난봄에 흙살림에서 얻어온 발효퇴비와 장터 방앗간에서 얻어온 들깻묵, 그리고 음식물쓰레기와 쌀겨를 듬뿍 뿌려서 한 달여 가량 저절로 숙성되기를 기다렸지요. 봄비가 여러 차례 내려서 땅을 적시면 흙 안에 있었던 미생물과 비료로 넣어준 양분들이 서로 섞여서 식물들의 먹이가 되어 줄만큼 생명력이 커집니다. 이때, 씨앗들을 심었더니 건강하게 잘 자라 주어서 그야말로 태평농법으로 먹을 만큼은 키웠어요. 농사지은 것을 시장에 내어 놓으려면 훨씬 더 많은 수고가 필요하겠지만 내가 먹기엔 이 정도면 충분해요.

비가 오고 난 뒷날 아침이나 밭이랑에 이슬이 촉촉이 적셔져 있는 이른 아침에
풀을 뽑으면 힘들이지 않고 풀매기를 할 수 있어요. 이런 일들을 일삼아 하기엔
벅차니까 매일 아침 조금씩 놀이삼아 하다보면 그야말로 놀이감이 되기도
해요. 별로 힘들인 일 없이 쑥쑥 자라준 식물들이 기특하기만 하네요.

오이, 가지, 토마토, 호박이 아직 어린 것 같아 '며칠 뒤에 따야지?' 하고
미뤄두면 며칠 새 쑥 자라 연한 맛이 가시고 늙은이가 되어 버린 열매를
수확하기 일쑤입니다. '에이, 진작 따 먹을 걸.' 하지만 번번이 아끼다가 제일
맛있는 시기를 확 놓쳐버려요. 그래도 갓 따먹는 맛과 재미는 유기농
매장에서 사오는 재료보다도 월등히 맛있지요. 이런 맛에 사는
재미가 늘어나고 행복하다는 느낌이 쏠쏠해집니다.
우리 집에 없는 것이 이웃 밭에 있을 땐 얻어다 먹기도 하고 먼저 익은 집에서
나눠 주기도 해요. 백 평이 넘는 마당 한켠에 아무리 작게 밭을 꾸며도
한집에서 먹기엔 넘쳐날 정도로 많은 채소가 수확되거든요. 깻잎, 고추
따고 감자 캐고 호박 따서 소쿠리에 담으니 이 정도만으로도 몇
끼니 먹고도 남을 정도예요. 갓 따서 먹는 맛은 양념이 도무지
필요하지 않아요. 그저 간장 한 숟갈, 된장 조금으로 충분합니다.

산이 둘러싸고 있고 한켠으로는 작은 내가 흘러내려서 아주 평온한 분위기에
싸여 있는 미루마을의 한가운데 자리한 우리 집은 아침 일출을 앉아서 볼 수
있도록 동향으로 자리 잡아서 아침 햇살이 마당을 가득히 채워 준답니다.
넓지도 좁지도 않은 마당에 자리 잡은 넓직한 테라스나 바람이 흘러내리는
장독대에서 재소를 밀길 때가 특히 민족스러운 느낌이 가득해져요. 햇빛과
바람을 먹고 살 수 있다는 게 너무 좋아서 파란 하늘과 살짝
불어오는 바람, 발밑을 간지럽히는 풀과 흙, 시원하게 쏟아지는
지하수에 대고 꾸벅 절을 하고 싶기도 하네요.

# 촌집 마루에 펼쳐진 시원한 여름밥상

생채소와 토마토반찬

애호박된장찌개

열무물김치

열무김치고추장보리밥

촌집 살림에서 제일 쉽고 간단하면서 맛있게 먹는 여름반찬은 아무래도 열무가 최고예요. 밭에서 갓 뽑아낸 열무는 흐르는 물에 살짝 갖다 대기만 해도 흙이 잘 씻겨 나가요. 채소들이 시들기 전에 씻으면 수고를 들이지 않아도 깨끗하게 씻어지니까 밭에서 따는 즉시 씻어서 바로 조리하는 게 깨끗하고도 맛있는 음식이 됩니다.

열무는 아무래도 시원하게 담근 물김치가 입맛을 당기기에 그만이죠. **열무물김치**의 맛을 구수하고 깊게 하려면 귀리 삶은 물이나 보리 삶은 물이 제일인 것 같아요. 귀리는 껍질이 그대로 살아있어서 섬유질이 보리보다도 월등하게 많고 비타민 B군과 미네랄이 풍부한 식품인데 구입하기가 쉽지 않으니 귀리가 없을 땐 보리를 쓰세요. 아무래도 귀리의 구수한 맛과 영양소를 얻고 싶어서 우리 미루마을 잡목반 팀에게 귀리를 심자고 졸라대는 중이랍니다. 아무튼 이번엔 귀리가 없어서 보리를 갈아서 약초맛물에 뭉근하게 풀을 쑤었어요. 고추는 칼로 써는 것보다 돌확이나 믹서에 갈아서 양념으로 넣어줘야 더 깊은 맛이 납니다.

준비한 약초맛물에 쑨 보리풀에다 간장과 생강을 조금 넣은 다음에 열무를 썰어 넣으면 돼요. 생으로 먹으려면 오미자발효액을 넣어줘야 감칠맛이 나요. 이때 열무를 소금에 절이는 과정을 생략하는데 열무를 절이게 되면 아무래도 풋내가 나거든요. 준비한 보리풀에 싱싱한 열무를 바로 넣으면 다 먹을 때까지 풋내가 나지 않고 아삭아삭 하답니다.

이렇게 담근 **열무물김치**와 맛있는 된장에 갓 딴 **애호박과 풋고추**를 넣어서 바글바글 끓인 **된장찌개**면 그만이죠. 보리밥에 열무 얹고 된장찌개 보태고 잘 익은 고추장 한 숟갈과 생들기름을 듬뿍 넣은 **열무김치고추장보리밥**을 스윽 슥 비벼 먹으면 부러울 게 없는 여름밥상이 됩니다. 차린 상이 심심한 듯하여 **막장에 오이와 고추**, 그리고 지난해 담갔던 **매실장아찌**를 곁들여내었어요. 밭에서 갓 딴 **토마토에 배질과 소금**을 뿌려서 곁들이니 색도 곱고 조화로운 상이 차려졌네요.

지난봄에 장 담글 때 잘 뜬 메주를 빻아서 고춧가루 조금과 소금물을 부어 놓았더니 어느새 숙성되어 맛있는 쌈장이 되었어요. 이렇게 마구 담은 막장이 쌈장이 되어 때로는 이 쌈장으로 된장찌개를 끓이기도 하는데 뭐랄까 된장과 청국장의 중간 정도의 맛과 향이 납니다. 막장이라고도 부르는 이 쌈장이 있으면 여름내 푸성귀 쌈만 가지고도 만족스런 밥상이 차려지지요.

냉장고에서 꺼낸 차가운 열무물김치에 생와사비 조금 풀어 넣고 소면을 말아서 먹는 맛도 여름철 별미랍니다.

여름반찬 재료로 열무가 최고예요. 연한 열무를 캐서 물김치를 담가놓으면 국수로 말아 먹을 수 있고 비빔밥도 만들어 먹을 수 있어요.

### 생채소와 토마토반찬

••• 오이 1개, 풋고추 4개, 토마토 2개, 배질 잎 6~7장, 쌈장 2큰술, 구운소금 조금

1 오이를 1cm 두께로 썰어 풋고추와 함께 쌈장을 곁들여낸다.
2 토마토는 먹기 좋은 크기로 잘라 배질과 소금을 뿌린다.

### 애호박된장찌개

••• 애호박 1/2개, 청양고추·홍고추 1개씩, 된장 2큰술,
약초맛물 1과1/2컵

1 애호박은 1cm 두께로 썰어 4등분하고 청양고추와 홍고추는
얇게 송송 썰어둔다.
2 약초맛물에 된장을 풀고 끓이다가 애호박, 썰어 놓은 고추를
넣고 한소끔 끓인다.

### 열무김치고추장보리밥

••• 불린 오분도미·불린 찰보리 1컵씩,
열무김치 한 보시기, 애호박된장찌개 1큰술,
고추장 4큰술, 생들기름 4큰술, 물 2컵 정도

1 불린 오분도미와 찰보리를 한데 섞어 물을
붓고 밥을 지어 뜸을 잘 들인다.
2 그릇에 밥을 담고 열무김치, 애호박된장찌개,
고추장, 생들기름을 얹어 비벼 먹는다.

✚ 쌀은 전날 밤 깨끗이 씻어서 물에 담갔다가 쓴다. 벼의
겉껍질이 남아 있는 현미나 오분도미는 불려서 밥을
지어야 밥이 부드럽게 된다.

## 열무물김치

**•••** 열무 1단, 보리 2컵, 풋고추·홍고추 5개씩, 생강 1톨,
구운소금 3~4큰술, 오미자발효액 1/2컵, 약초맛물 4ℓ

**1** 열무는 잘 손질하여 씻어서 4cm 정도 길이로 썰고, 풋고추와 홍고추는
분쇄기에 거칠게 간다. 생강은 다진다.
**2** 보리를 2시간 정도 물에 불린 다음 분쇄기에 간다.
**3** 냄비에 약초맛물을 붓고 끓으면 분쇄기에 간 보리를 넣고 풀을 쑤어
식힌다.
**4** 썰어둔 열무와 갈아둔 고추, 다진 생강을 한데 담는다.
**5** 준비한 보리풀에 소금, 오미자발효액을 넣어 고루 섞는다.
**6** 양념한 보리풀을 열무에 넣어 고루 버무린 후 하루나 이틀 실온에서
삭힌 다음 냉장고에 두고 먹는다.

열무물김치 맛을 제대로
살리려면 귀리 삶은
물이나 보리 삶은 물이
제일이에요. 약초맛물에
쑨 보리풀에 양념 섞어
열무를 버무리면 돼요.

매실로 여름철  건강을 지킨다

아직 덜 익어 파란 매실을 '청매'라 하고 익어서 노릇해진 것을 '황매'라고 해요. 우리나라 토종 매실은 알이 단단하고
자그마하지만 향이 뛰어나고, 물 건너 일본에서 온 매실 종자는 알이 굵고 과즙과 과육이 넉넉한 반면 향은
떨어져요. 산 많고 골이 깊어 청수가 흐르는 기름진 우리나라의 토양과 화산재 섞인 일본 토양의 기질이 다르니
과일이나 채소의 맛과 성질도 좀 차이가 나는 것 같아요.
일본산 매실은 아주 오래 전부터 우리나라에서 재배되어 왔는데 매실발효액을 만들기엔 우리나라 토종 매실이 향과
기운이 강해서 좋고 장아찌를 담기엔 과육이 많은 일본산 매실이 좋은 것 같아요.

매실발효액을 만들려면 청매나 황매를 다 쓸 수 있는데 청매발효액은 맑고 황매발효액은 깊은 맛이 납니다. 매실에 같은 양의 설탕을 넣고 버무리면 당도가 높아서 매실 향이 떨어지기 때문에 매실의 1/3 정도의 설탕으로 매실을 먼저 버무려서 절인 다음에 삼사일 지나서 남은 설탕으로 시럽을 끓여 식힌 다음 부어서 발효하는 게 좋아요. 매일 저어주는 게 발효를 도와줍니다.

매실의 빛깔을 유지하기 위해서 유기농 설탕을 쓰기도 하지만 나는 사탕수수를 농축시킨 유기농 원당을 씁니다. 미네랄이 많아서 몸에도 좋고 향도 깊어요. 매실이 가지고 있는 유기산과 미네랄을 상승시켜 주어 성질을 더 높여주지요.

매실에 간장을 달여 부어서 **장아찌**를 만들고, 자소엽을 보태어 넣어서 **우메보시**를 담아두면 짭짤하고 새콤한 게 여름반찬으로 아주 좋아요. 이때 자소엽에 담긴 해독성분과 매실의 살균력이 시너지 효과를 내기 때문에 일본 음식이지만 여름철 식중독 예방에 좋은 음식인 것 같아요. 청매로 담근 장아찌는 아삭한 식감이 도드라지고, 황매는 물컹하지만 감칠맛이 납니다. 두 가지가 다 맛이 다르니 기호와 용도에 따라서 쓰임새를 달리 하죠.

## 매실발효액

••• 청매실 2kg, 유기농 설탕 2kg, 물 2ℓ

1 매실 2kg을 잘 씻어 물기를 뺀다.
2 매실 2kg에 설탕 500g을 매실, 설탕, 매실, 설탕 순으로 차곡차곡 재우고 항아리 뚜껑을 잘 덮은 다음 매일 한 번씩 매실과 설탕이 골고루 잘 섞이도록 뒤적인다.
3 2~3일 후 설탕 1.5kg에 물 2ℓ를 섞어 처음 양의 2/3가 될 때까지 졸인 후 식혀 붓는다.
4 1수일 정노 매일 뉘석이며 3~6개월 농안 말효시킨 다음 매실액을 따라내어서 숙성시킨다. 이때 먹어도 맛있지만 오랜 시간 숙성할수록 맛이 깊어지고 약성도 높아진다.

✚ 적당히 익은 황매실에 유기농 원당을 넣고 담으면 색은 좀 어두워도 깊고 감칠맛 나는 매실발효액을 얻을 수 있다.

매실설탕절임

매실간장절임

## 매실설탕절임

••• 청매실 2kg, 유기농 설탕 1.5kg, 구운소금 2큰술

1 매실을 깨끗이 씻은 다음 십자로 칼금을 넣고
나무방망이로 두드려 씨앗을 뺀다.
2 준비한 매실에 설탕, 매실, 설탕 순으로 차곡차곡 재우고
소금으로 간을 해서 뚜껑을 잘 덮어둔다. 1주일 동안 매일
한 번씩 설탕이 골고루 잘 섞이도록 뒤적거린다.
3 2주일 정도 지나면 매실이 꼬들꼬들해지는데 이때 생긴
매실진액은 매실이 잠길 정도만 남기고 따라내어서 따로
쓰고, 매실설탕절임은 냉장고에 둔다.
✚ 꼬들해진 매실은 고추장에 버무리면 밑반찬으로 좋고, 간식으로
먹기에도 적당하다.

## 매실간장절임

••• 청매실 또는 황매실 2kg, 집간장 2컵

1 매실을 깨끗이 씻은 다음 십자로 칼금을 넣고 나무방망이로 두드려 씨앗을 빼낸다.
2 준비된 매실에 간장을 붓는다.
3 3일 정도 지난 다음 간장을 따라내어 끓인 다음 식으면 다시 매실에 붓는다. 실온에
10일 정도 두었다가 냉장고에 둔다.
✚ 100일 정도 지나면 먹을 수 있는데, 여러 해 삭힐수록 맛이 깊어진다.

### 우메보시

••• 황매실 2kg, 자소엽 50장, 구운소금 2/3컵

1 자소엽을 깨끗이 씻어 건져서 물기가 가시고 꾸덕해지면 잘게 찢으면서 붉은 물이 나올 때까지 치댄다.

2 항아리에 매실, 소금, 자소엽, 매실, 소금, 자소엽 순으로 차곡차곡 재우고 뚜껑을 잘 덮어둔다.

3 매실, 소금, 자소엽이 고루 섞이도록 2~3일에 한 번씩 뒤적인다.

✛ 오랫동안 숙성할수록 맛이 깊어진다. 2~3년 지난 우메보시는 자소엽 향이 깊게 스며 있어서 입맛을 돋운다.

감자채소샐러드

감자채구이

감자막장찌개

감자잡곡밥

# 밭 에 서   캐 낸   하 지   감 자 밥 상

우리 가족은 감자를 무척 좋아해요. 삶거나 찌거나 굽거나 볶거나 어떻게 요리해도 맛이 있어요. 비타민, 단백질,
미네랄이 골고루 들어 있는 감자를 조선시대에는 재배를 금지했다고 하네요. 그때는 감자 값이 좋아서 백성들이
감자를 많이 심으면 다른 작물이 줄어들 수도 있다는 우려 때문이었다는데 백성들은 몰래 감자를 심어 먹었다고
합니다. 쌀 작황이 좋지 않을 때 굶주린 백성들이 감자로 끼니를 해결했다고도 하구요.
우리 집은 가난하진 않았어도 어머니가 쌀을 아끼느라 밥솥에 감자를 얹어서 밥을 지어 준 기억이 나요. 그래선지 밥
위에 얹은 감자에 대한 향수가 남아서 여름철에 감자밥을 자주 해 먹지요. 예전에 산속 오두막살림 시절에도 감자를
심어 먹을 생각을 못했는데 올해 미루마을에서는 먹다 남은 감자에서 싹이 나기도 했고 흙살림에서 얻은 씨감자도
있어서 밭 한켠에 감자를 심었어요. 감자 꽃이 예뻐서 식탁에 꽂아 놓으면서 감자알이 여물기를 기다렸어요.

촌에서는 하지가 되면 집집마다 감자캐기 일손이 바빠지지요. 이때 갓 캐내어서 싱싱하고 포슬하게 맛있는 감자를 하지감자라고 하죠. 제철식품을 먹고 산다는 것은 그만큼 우리 몸을 자연의 조화로움에 일치시켜 건강하게 살게 해주지요. 하지감자로 여름밥상을 자주 꾸미면 건강에 많은 이로움이 있어요.

늘 하는 말이지만 재료가 좋으면 단순하게 조리할수록 더 맛있습니다. 된장이나 간장만 넣고 끓인 <mark>감자찌개</mark>, 신선한 채소와 버무린 <mark>감자샐러드, 감자샐러드를 얹은 샌드위치</mark> 모두가 맛있어요. 무엇보다도 맛있는 건 <mark>포슬하게 쪄낸 뜨거운 감자</mark>지요. 자주색 감자는 흙살림에서 얻은 모종에서 수확한 건데 이 감자가 우리나라 토종 감자라는군요. 고구마처럼 달지는 않지만 식감이 고구마와 비슷하고 흰 감자보다는 달착지근하고 감칠맛이 납니다. 감자를 곱게 채썰어서 찬물에 담갔다가 건진 후 감자전분을 조금 보태서 지진 <mark>감자채구이</mark>는 반찬으로도 간식으로도 그만입니다.

## 감자막장찌개

••• 감자 4개, 막장 2큰술, 현미유 1큰술,
약초맛물 3컵

1 감자를 깨끗이 씻어서 껍질째 1.5cm 정도 두께로
도톰하게 썬다.
2 냄비에 감자, 막장, 현미유를 넣고 약초맛물을 부어
센 불에서 끓인다. 감자가 2/3정도 익으면 중불에서
뭉근하게 익힌다.

✚ 감자찌개는 먹을 만큼 끓여 바로 먹는 게 가장 맛있다.
감자가 식으면 전분이 굳어지고 한번 굳어진 감자전분은
부드러운 맛이 덜하다.
✚✚ 모든 채소와 과일은 껍질째 먹는 버릇을 들인다. 껍질에
항산화물질이 많이 들어 있어 면역력을 높이는데 도움이 된다.

## 감자잡곡밥

••• 작은 감자 5~6알, 불린 잡곡(현미 12큰술,
현미찹쌀 9큰술, 차조·기장·수수·보리 2큰술씩)
2컵, 물 2와1/2컵

1 감자는 깨끗이 씻어서 껍질째 준비한다.
2 불린 잡곡에 감자를 얹어 물을 붓고 밥을 짓는다.

✚ 현미 8큰술, 현미찹쌀 6큰술, 나머지 잡곡은 1큰술의
비율로 섞어 밥을 지으면 맛있다.

감자잡곡밥

감자막장찌개

### 감자채구이

••• 감자 2개, 청양고추 1개, 감자전분 2큰술, 구운소금 2작은술, 현미유 3큰술

1 감자를 가늘게 채썰어서 찬물에 3분 정도 담갔다가 건진다.
2 청양고추는 가늘게 채썰어 감자채, 감자전분, 소금을 넣고 잘 섞는다.
3 달군 팬에 현미유를 두르고 채썬 감자반죽을 가지런히 놓고 노릇노릇하게 굽는다.

✛ 감자전분은 채썬 감자가 서로 붙을 정도만 넣는다. 감자전분이 많이 들어가면 두꺼워져 식감이 떨어진다.

### 감자채소샐러드

••• 찐 알감자 5~6개, 방울토마토 10개, 오이 1/2개, 적상추·상추 6장씩, 배질 잎 4장, 로즈매리 잎 8장
**두유마요네즈드레싱}** 두유 1/4컵, 잣 4큰술, 올리브유·식초 3큰술씩, 구운소금 1작은술

1 찐 감자 중 큰 것은 1/2~1/3등분으로 썰고, 방울토마토는 씻어둔다. 오이는 길게 반으로 쪼개어서 0.2cm 정도 두께로 반달썰기 한다. 적상추와 상추는 깨끗이 씻어서 큼직하게 썬다.
2 두유마요네즈드레싱 재료를 한데 넣고 분쇄기에 간다.
3 찐 감자, 방울토마토, 오이, 상추를 그릇에 담고 두유마요네즈드레싱으로 버무린 후 배질과 로즈매리를 얹는다.

✛ 익힌 감자 대신 생감자를 얇게 저며 썰어 찬물에 담가 전분을 뺀 다음 채소와 함께 섞어 먹으면 다이어트에 좋은 건강식이 된다.

사주색 감사는 우리나라
토종 감자로 식감이
고구마와 비슷하고
흰 감자보다 감칠맛이 좋아요.

### 감자토마토샌드위치

••• 찐 알감자 2개, 토마토 1개, 적상추·상추 4장씩, 오이 1/2개,
호밀빵 4조각, 구운소금 2작은술, 두유마요네즈드레싱 4큰술

1 찐 감자와 토마토는 모양대로 얇게 썰고, 적상추와 상추는 깨끗이
씻는다.  오이는 채썰어 소금에 절였다가 10분 정도 후 물기를 꼭 짜준다.
2 찐 감자, 절인 오이, 두유마요네즈드레싱을 잘 섞어 감자오이샐러드를
만든다.
3 호밀빵에 적상추와 상추를 깔고 토마토를 얹은 다음 준비한
감자오이샐러드를 얹어 먹는다.

### 찐 감자

••• 감자와 자주감자 한 소쿠리 정도
1 찜솥에 감자를 넣고 센 불에서 20분
정도 찐 다음 약불에서 10분 정도 뜸을
들인다.
2 감자 속까지 잘 익도록 찐 후 기호에
따라 꿀이나 녹차가루를 섞은 소금에
찍어 먹는다.

오디슬러시

복분자잼팥빙수

여름 한낮 더위도 물러선다

복분자와 보리수로 만든 여름간식

금방이라도 내려앉을 것 같은 오래된 괴강다리를 건너서 미루마을로 들어오는 명태제 길목에 단순하고 깔끔하게 생긴 하얀 집이 있어요. 여러 종류의 과실수를 심어서 예쁜 꽃이 탐스러운 집 앞 길목에 '보리수, 복분자, 오디 팝니다'라고 적힌 손글씨가 보이네요.

늘 다니는 길인데 오늘 처음 본 듯 눈에 띄는 걸 신기하게 여기며 마당을 서성이고 있는데 평생을 미소 짓고 살아온 듯한 주름진 얼굴에 자애로운 미소가 가득한 노부인이 나오시네요. 인천에 자그마한 교회가 있으며 이곳은 일 년에 몇 차례 교회 수련원으로 사용하는지라 봄부터 가을까지는 이곳에서 과수 농원을 가꾸는 목사님 사모라고 하네요. 집과 뜰, 안주인의 모습이 하나인 듯싶게 닮아 있어요. 행여 흐무러질라 조심조심, 정성 들여 따준 열매들을 상자에 담아 오는 동안 해마다 얻어먹을 수 있는 이 열매들에 대한 기대로 마음이 부풉니다. 오디, 복분자, 보리수는 내가 좋아하는 과일들이지만 심어 먹을 엄두를 내지 못하고 있거든요.

## 복분자잼팥빙수

**•••** 빙수용 팥조림(팥 3컵, 원당 1과1/2컵, 구운소금 1큰술,
조청 1/2컵, 물 1.5ℓ) 4큰술, 복분자잼 4큰술,
오디·보리수 2줌씩, 얼음 6컵

1 팥은 하룻밤 불린 후 불린 팥 양만큼 물을 부어 압력솥에서 밥
하듯이 익힌다. 익힌 팥이 쉽게 으깨질 때까지 뜸을 들인다.
2 팥알이 푹 퍼지도록 으깬 팥에 원당, 소금을 넣고 나무주걱으로
저어가며 졸인다.
3 30분 정도 졸여서 되직해지면 조청을 넣고 5분 정도 뜸을 들인
다음 차게 식힌다.
4 얼음을 빙수용 기계에 갈아 그릇에 듬뿍 담고 졸인 팥, 복분자잼,
오디, 보리수를 얹어 먹는다.

## 오디슬러시

**•••** 오디 4컵, 얼음 6컵

빙수용 기계에 오디와 얼음을 넣어 같이 간다.
얼린 오디를 얼음을 섞지 않고 그대로 갈면 더
진하고 맛있다.

감자메밀팬케이크

## 감자메밀팬케이크

**•••** 감자 5개 정도(갈았을 때 1과1/2컵 정도), 두유 3/4컵,
메밀가루 1/2컵, 구운소금 2작은술, 현미유 3큰술

1 감자를 껍질째 썰어 두유를 넣고 분쇄기에 간다.
2 갈아둔 감자에 메밀가루와 소금을 넣고 홀홀하게 반죽한다.
3 달궈진 팬에 현미유를 두르고 둥글납작하게 부친다. 앞뒤를 살짝
노릇하게 익힌 후 팬케이크에 복분자잼, 보리수퓌레를 곁들인다.

보리수퓌레

복분자잼

신맛이 덜한 오디는 냉동실에 얼려 두었다가 빙수기에 갈아서 슬러시처럼 시원한 주스로 먹는 게 제일 맛있어요.
보리수와 오디는 감자으깨기로 으깬 다음 불에 올려서 뭉근하게 졸여 퓌레로 만들어 먹는 게 과일 맛도 살리고
저장성도 높여주고요. 잼을 만들 때 과즙의 60%~70% 정도의 설탕을 넣고 졸이기도 하지만 나는 설탕을 넣지 않고
그대로 농축시킨 과육을 더 즐깁니다.
팽창제를 사용하지 않고 두유를 넣은 메밀가루로 팬케이크를 만들어서 잼을 발라 먹으면 맛이 좋고 몸에도 좋아요.
팥을 푹 삶아서 유기농 원당과 조청을 넣어 만든 조림 팥을 냉장고에 두었다가 더운 한낮에 팥빙수 만들어서
복분자잼과 보리수잼을 넣어 먹으면 여름철 피로회복에 도움을 줍니다.

### 보리수퓌레

●●● 보리수 열매 1kg

1 보리수를 냄비에 담아 약불에 올려놓으면 물컹해지면서 씨앗이 잘 걸러진다.

2 삶은 보리수를 식힌 후 으깨어 걸러서 씨와 과육을 분리한다.

3 과육을 다시 냄비에 넣고 중간 불에서 저어가며 한 시간 정도 졸인다. 식힌 후 병에 담아두고 잼

대용으로 사용한다.

✚ 보리수 열매는 달콤하면서도 떫고 신맛이 입맛을 당긴다. 소화를 도와주며 기침, 해소, 천식 등에 좋다고 알려져 있다.
여성질환 개선에도 도움을 주는 열매로, 퓌레로 만들어서 잼 대신 사용하고 꿀을 혼합해서 단맛을 첨가해도 좋다.
✚✚ 여름에 나는 과일을 보리수처럼 과육을 걸러 내어서 농축시키면 설탕을 넣지 않은 신선한 잼이 된다. 요즘 과일은
당도가 높아서 설탕 넣지 않은 과일잼을 쉽게 만들 수 있다.

### 복분자잼

●●● 복분자 1kg, 원당 2컵, 구운소금 1큰술

1 복분자를 그릇에 담아 으깬 후 원당을 넣고 2~3시간 두었다가 잘 저어준다. 원당이 다 녹으면 불에 올려서 끓인다.

2 끓기 시작하면 불을 줄여 과육이 눋지 않도록 나무주걱으로 저어가며 졸인다.

3 어느 정도 굳어지는 느낌이 들 때 찬물에 떨어뜨려보아 풀어지지 않으면 불을 끄고 식혀서 병에 담는다.

✚ 원당이나 설탕을 넣지 않고 졸이면 복분자의 특유한 향이 더 진해서 좋다. 복분자는 산딸기의 약명이고 비타민, 미네랄이 풍부하며 정혈,
이뇨, 천식 등에 두루 좋아 민간 약재로 손꼽히는 열매다.

# 어 린 시 절 , 여 름 날 의 추 억

여름철엔 수박을 차가운 우물에 담갔다가 건져서 먹기도 하고, 너른 마당에서 엄마와 함께 다섯 형제들이 숨바꼭질하던 기억도 나네요.

얼마 전 92세로 돌아가신 나의 엄마는 밤이면 다섯 아이들을 이불아래 옹기종기 묻어두고 동화책을 읽어주거나 재밌는 옛날 얘기들을 많이 들려주었는데 나는 슬픈 대목에선 어김없이 이불깃을 끌어 당겨 얼굴을 감춘 채 눈물을 흘리곤 했어요. 다섯 형제 중 큰딸인 내가 눈물이 제일 많아서 걸핏하면 눈물방울을 떨구었고 여동생이 셋이나 있는 언니로서는 부끄러웠지만 떨어지는 눈물을 어찌할 도리가 없었어요. 그 당시 유명한 눈물의 여왕이라는 별명을 가진 여배우가 있었는데 '눈물의 여왕 전옥의 딸'이라고 놀림을 많이 받았어요. 엄마는 "저, 저, 달구똥 같은 눈물, 또, 또… 쯧쯧…"하고 한심해 하셨지요.

꽃을 좋아하는 부모님께서는 채소밭보다는 꽃밭을 훨씬 크게 가꾼 듯한데 울타리를 타고 오른 붉은 색의 커다란 나팔꽃이 너무 탐스러워서 꽃씨를 따가는 소리가 툭, 툭 들려와서 나가보면 "나팔꽃이 하도 예뻐서요"라는 길 가던 사람들의 수줍은 말을 듣곤 했지요. 그 이후로 그처럼 크고 예쁜 나팔꽃을 볼 수가 없어요.

여름방학 때 진해의 할머니 댁에 가면 뒤꼍의 채소밭과 마당 한쪽에 선 커다란 감나무, 평상에 모기장 치고 누워 사촌들과 함께 밤하늘의 별을 보며 노래 부르던 기억, 모깃불의 매운 연기에 눈물 흘리던 기억들이 있어요. 할머니 댁 부엌엔 커다란 무쇠 가마솥이 걸려 있었는데 관솔가지를 꺾어서 태울 때 넘실거리는 불꽃과 타다닥 하고 솔방울 터지는 소리, 향긋한 솔 냄새가 좋아 손가락에 송진을 덕지덕지 묻혀가며 아궁이 앞에 앉아 불 때던 기억도 나네요. 그래서인지 지금도 모닥불 피우기를 좋아하죠.

자연식에 꽃과 잎을 올리다

# 허브밥상

## '한국의 타샤'라 불러도 좋을

채식이지만 사찰요리와는 조금 다르고
친환경농법으로 키운 유기농 재료를 사용해
자연요리라고 하기에도 애매한, '문성희 표'
요리에 이름을 짓느라 많이 고심했어요. 외국인도
이해하기 쉬운 이름을 지어야겠다는 생각에
여성신학자인 현경 교수와 함께 '살림음식'이라는
이름을 지었어요. 〈살림〉은 아랍어 '샬롬'에서
비롯된 것으로 〈살리다, 살림을 잘 살다,
평화〉라는 뜻이라고 해요. 바로 이 '살림음식'의
지도자 양성 과정을 공부하는 사람들을
'살림음식 마스터'라고 하는데 이 멤버들은 수업,
실습, 워크숍, 세미나 등 빡빡한 3년 과정을
거쳐야 비로소 살림음식 마스터가 됩니다.
이 과정의 3기생들의 여름방학식을 공부친구가
있는 대구의 허브농장에서 했어요.

팔공산 자락에서 아름다운 허브농장을 일군
이 부부는 '한국의 타샤'라고 불러도 전혀
손색이 없는 마음, 안목, 솜씨를 가지고 있어요.
중고등학교를 다니는 아들 둘과 남편, 마흔이
넘도록 장가도 가지 않은 순수청년 삼촌, 이렇게
다섯 가족이 만들어 내는 아름다운 농장의
히스토리가 그림 같아요. 사람 좋은 남편은
언제나 '허허' 웃으면서 마누라가 원하는
건 무엇이든지 만들어 주기 위해서
목공소, 철공소, 재봉실까지 다 갖추고
삽니다. 집짓기, 정원 가꾸기, 옷 짓기 등
무엇이든 손수 해낸답니다. 그러기 위해서
갖춘 장비만도 완전 프로급이에요.

# 허브농장 부부의 집에서
## 여름방학식을 하다

어여쁜 부인에게 아주 잘 어울리는 옷을 만들어
입히는 남편 덕에 때 묻지 않은 알프스 소녀 같은
부인의 캐릭터가 눈길을 끕니다. 두 아들과 삼촌도
이 농장의 안주인을 하늘같이 받들고 따르는
듯싶어요. 이 모든 것이 사랑 안에서 이루어지는
듯해서 주변 사람들도 덩달아 따뜻해집니다.
살림음식 공부를 시작하고 나서 시도 때도 없이
졸라대는 부인의 요구를 맞추느라 더욱 바빠진
남편의 행복한 넋두리가 때로는 동급생들의
웃음과 부러움을 자아내기도 해요. 몇 주간
애써서 만든 멋진 장독대와 사방의 유리창을 통해
쏟아져 들어오는 허브 향이 보는 이들을 부럽게
하는 타샤부부의 특별한 부엌이 참 예쁘네요.

먼 곳에서 기차 타고, 자동차 타고 무지 더운
한여름 낮에 늘이닥진 공부진구들을 환영하느라
어제 하루 내내 그것도 모자라 밤늦은
시간까지 다섯 가족이 총동원되어
차린 근사한 가든파티는 한 학기
동안 힘들었던 공부 스트레스를 확
풀어주기에 모자람이 없었어요.
구석구석 예쁘고 사랑스러운 환영카드와
꽃, 과일샐러드와 빵, 어렵사리 구한 맷돌에
구수하게 삶은 콩을 밤늦은 시간까지 갈아 만든
콩국수는 모든 사람들을 감동으로 몰아넣기에
충분했습니다. 콩 가는 일은 큰아들이 도맡아
했다네요. 표현에 의하면 팔이 떨어져나갈 정도로
갈았다는군요.

'살림'은 '살리다, 살림을 잘 살다, 평화'라는 뜻이에요.
바로 이 살림음식의 마스터 과정을 공부하는 3기생들의
여름방학식이 팔공산 자락 허브농장에서 열렸어요.

감자양배추허브볶음

허브는 서양의 약용식물로 향도 좋고 몸에도 좋아 두루 쓰이는 식물이에요. 아무래도 나는 우리나라 토박이 늙은이다
보니 허브가 익숙치 않고, 우리나라 약용향초에 더 관심이 많은 편이지만 새로운 마음으로 공부를 했어요. 깻잎,
방아잎, 자소엽과 흔해 빠진 쑥, 산초, 생강 등 토종 허브식물도 많지만 오늘은 허브농장에 왔기에 구석구석 서양
허브를 살펴보고 공부를 해볼 참이에요.
우리가 늘 먹는 음식에다가 허브를 몇 조각 올리니 화려하면서도 향내가 은은히 감도는 우아한 음식이 되네요. 이
농장의 주인장이 안내해준 허브 중 타라곤과 꽃이 화사한 장미제라늄을 곁들여서 감자와 양배추, 파프리카를 볶아요.
강황가루를 슬쩍 뿌리니 색다른 요리가 완성되었네요. 내친 김에 애호박에 자소엽과 나스터튬으로 장식하여 부침개도
만들었습니다. 인기가 좋군요.

# 허브 꽃과 잎을 곁들인 한 접시 음식

### 감자양배추허브볶음

••• 자주 감자 4개, 양배추 3장, 빨강·노랑 파프리카 1/2개씩,
타라곤 잎 7~8장, 장미제라늄 꽃잎 10장 정도,
현미유·집간장 2큰술씩, 원당 1큰술, 강황가루 2작은술

1 감자는 2등분하여 도톰하게 썰어 물에 5분 정도 담갔다가
건지고, 양배추는 감자와 같은 크기로 썬다. 파프리카는 감자와
같은 길이로 0.5cm 두께로 썬다.
2 달궈진 팬에 현미유를 두른 후 감자를 넣고 중불에서 뚜껑을
덮고 익힌다. 감자가 반쯤 익었을 때 썰어둔 양배추를 넣어 뚜껑을
덮고 한 번 더 익힌다.
3 감자, 양배추 익힌 팬에 파프리카와 타라곤을 넣고 간장과
원당으로 양념하면서 살짝 볶은 후 장미제라늄과 강황가루를 뿌린다.

### 자소엽애호박부침개

••• 애호박 1개, 청양고추·홍고추 1/2개씩, 자소엽 10장,
나스터튬 꽃잎 5장, 통밀가루 1컵, 구운소금 1작은술,
현미유 5큰술, 물 2/3컵

1 애호박은 채썰고 고추는 다진 다음 통밀가루, 소금을 넣어
비무린 후 물을 섞어 반죽한다.
2 달궈진 팬에 현미유를 두르고 반죽을 한 숟가락씩 떠놓고
동글납작하게 지진다.
3 반죽의 한 면이 다 익을 때쯤 자소엽과 나스터튬을 올리고
뒤집어서 노릇하게 지진다.

허브와 바비큐는 떼어놓을 수 없는 주제인 것 같아요. 허브의
해독성질과 향 때문에 고기를 즐기는 서양요리의 향신료로
아주 요긴하게 쓰이지요. 물론 생선요리에도 빠짐없이
쓰이고요. 채식요리만을 즐기는 나로서는 "채소만을 가지고도
고기 못지않게, 아니 고기보다 더 맛있고 멋지게 바비큐를 할 순
없을까?" 머리를 짜내 봅니다.
색이 고운 가지, 호박, 파프리카, 생김새가 좋은 새송이버섯,
구우면 더 맛있는 감자를 준비해서 바비큐 그릴에 굽고
구운소금과 직접 갈은 통후춧가루, 로즈매리 한 줌이면 아주
근사한 <mark>모둠채소구이</mark>가 되지요. 빨간 토마토를 살짝 곁들여
토마토소스 같은 풍미를 더해주고요.
신선하고 좋은 재료는 조리과정이 짧을수록 훌륭해진답니다.
구이에 곁들이는 <mark>그린샐러드</mark>는 상차림의 구색을 맞추어
주지요.

# 허브와 짝 맞춘 채소바비큐

### 상수치커리샐러드

••• 상추·치커리 2줌씩, 셀러리 잎 한 줌,
민트·로즈매리 잎 5~6장씩,
펜넬 잎과 꽃·맥문동 꽃 조금씩
**소스**〉올리브유 1큰술, 집간장 2큰술,
현미식초 2큰술

재료를 먹기 좋은 크기로 뜯어 그릇에
담고 먹기 직전에 소스를 뿌린다.

## 로즈매리채소구이

••• 감자·토마토 2개씩, 애호박·가지·파프리카·새송이버섯 1개씩,
로즈매리 잎 30장 정도, 구운소금·통후춧가루 2작은술씩, 현미유 5～6큰술

1 감자, 토마토, 애호박, 파프리카는 모양대로 1cm 두께로 썬다. 가지와
새송이버섯도 생긴대로 1cm 두께로 썬다.
2 달궈진 팬에 현미유를 두르고 감자를 중불에서 뚜껑을 덮고 익힌다.
감자가 2/3쯤 익었을 때 애호박과 파프리카, 토마토를 넣고 뚜껑을 덮어 한김
더 올린다. 마지막에 가지와 새송이버섯을 넣어 굽는다.
3 모든 재료를 앞뒤로 노릇하게 굽고 소금과 통후춧가루, 로즈매리를 뿌린다.

오이페퍼민트냉국

버섯나스터튬볶음밥

자소엽버섯가지초밥

애플민트양념채소밥

# 다이어트와 예뻐지기에 좋은 허브밥

동양적인 것은 무엇이든 은은한데 비해 서양적인 것은 두드러진 아름다움을 뽐내지요. 식물도 예외는 아니라서 서양의 향초, 약용식물은 향도 강하고 색과 모양새도 화려해서 금방 눈길을 잡아끄네요. 이렇게 먹을 수 있는 화려하고 예쁜 꽃들을 보니 이것저것 만들어 보고 싶은 요리들이 마구마구 떠올라요.

'흠, 흠, 그래그래. 자소엽과 가지, 새송이버섯으로 스시를 만들어 봐?' 생와사비를 조금 발라서 만든 **허브초밥**은 이날 아주 인기 짱이었어요. 즐겨 만들던 **채소밥에 민트를 넣은 양념장**도 아주 잘 어울리고, **배질과 나스터튬**을 얹은 **볶음밥**에 **민트를 띄운 오이냉국**은 여름별미로 손색이 없네요.

174

서양의 향초, 약용식물은 화려하고
예쁜 꽃들이 많아요. 그것들을 보니
만들고 싶은 요리들이 마구마구 떠올라요.

### 버섯나스터튬볶음밥

*** 잡곡밥 4공기, 새송이버섯 1개,
목이버섯 4개, 배질 잎 4장,
나스터튬 꽃잎 10장 정도,
올리브유 2큰술, 구운소금 1/2큰술

1 새송이버섯은 5cm 길이로 채썰고,
목이버섯은 사방 0.5cm 길이로
깍둑썰기 한다. 배질은 채썰어둔다.
2 달궈진 팬에 기름을 두르지 않고
새송이버섯과 목이버섯을 볶다가
버섯이 익으면 올리브유를 두르고
잡곡밥과 함께 소금 간하여 볶는다.
3 배질과 나스터튬을 볶음밥에 넣어서
살짝 볶은 후 그릇에 담는다.

### 오이페퍼민트냉국

*** 오이 2/3개, 페퍼민트 잎과 꽃
조금씩, 구운소금 3작은술,
현미식초 2큰술, 약초맛물 4컵

1 오이는 5cm 길이로 곱게 채썰어서
찬물에 담갔다가 1분 후에 건진다.
2 약초맛물에 소금, 식초를 넣고 냉국
국물을 만든다.
3 그릇에 채썬 오이와 페퍼민트를 담고
국물을 붓는다. 페퍼민트 꽃을 띄워도
좋다.

## 자소엽버섯가지초밥

••• 오분도미 밥 4공기,
새송이버섯 2개, 생표고버섯 4개,
가지 1개, 자소엽 30장 정도,
집간장 2큰술, 원당 7큰술,
현미식초 4큰술, 구운소금 1과1/3큰술,
생와사비 1큰술, 물 1/2컵

1 새송이버섯은 모양대로 0.1cm
두께로 저미고, 생표고버섯은 칼을
뉘어서 반으로 저며 썬다. 가지는
새송이버섯과 같은 크기로 썬다.
2 냄비에 원당·식초 3큰술씩, 소금
1/2큰술을 넣고 끓여 초물을 만든 후
밥에 넣어 고루 섞어서 식힌다.
3 냄비에 물 1/2컵, 소금 1/2큰술,
원당·식초 1큰술씩 넣고 끓을 때
생표고버섯을 넣어 데친다.
4 간장 2큰술, 원당 3큰술을 넣고
끓으면 새송이버섯을 넣어 조린다.
5 가지는 달궈진 팬에 기름을 두르지
않고 굽다가 남은 소금을 뿌려 살짝
간을 한다.
6 초물에 버무려 둔 밥을 초밥크기로
만들어 생와사비를 조금 얹은 다음
준비한 새송이버섯, 생표고버섯, 가지를
각각 올려 자소엽 위에 얹는다.

176

**애플민트양념채소밥**

●●● 불린 잡곡 2컵, 가지 1개, 애호박 2/3개,
감자 2개, 물 2컵
**양념장)** 생통깨가루·집간장 4큰술씩, 현미식초 2큰술,
애플민트 잎 3~4장, 애플민트 꽃·맥문동 꽃 조금씩,
레몬그라스 조금

1 가지와 애호박은 2cm 두께로 동글썰기 하고 감자도
비슷한 크기로 썬다.
2 뚝배기에 불린 잡곡을 넣고 그 위에 감자를 얹어 밥을
안친다. 밥물이 잦아들 때쯤 썰어둔 가지와 애호박을
넣어 뜸을 들인다.
3 준비한 간장과 식초를 섞고 생통깨가루와 애플민트를
띄워 밥과 함께 낸다. 남은 애플민트 잎과 꽃, 맥문동 꽃,
레몬그라스를 곁들인다.

로즈매리오이피클

펜넬비빔국수

산초잎수제비볶음

배질셀러리스파게티

# 오감 만족, 허브국수와 파스타

딸내미의 입맛을 맞추어 주느라 파스타 집에 갈 때가 있어요. 버터를 듬뿍 넣거나 고소한 스톡을 베이스로 하여 볶은
파스타의 그 고소한 향이 내 코끝도 간질이는 듯하더군요. 빨간 토마토와 초록이 싱싱한 청경채, 배질이 파스타와
함께 내 눈앞에 화려하게 펼쳐지면 '아~ 집에 가서 나도 파스타 만들어 먹어야겠다'란 생각이 들어요.
그래서 라비올리나 마카로니, 스파게티 대신 우리밀 현미수제비나 감자수제비, 우리밀 국수를 삶아서 파스타요리를
만들어요. 전문 파스타 집에서 만든 것 같은 풍미는 질 좋은 올리브기름을 사용하는 것으로 대신하구요. 싱싱한
토마토를 듬뿍 넣어서 볶으면 아무런 아쉬움이 남지 않는 <mark>파스타요리</mark>가 탄생하지요. 이태리에 슬로푸드 국제대회에
참석하느라 가보니 그곳에서도 토마토소스보다 생토마토를 즐겨 쓰더군요.
'서양 허브만 허브냐, 우리 향초는 약초라고 하지만 서양말로 풀이하면 그것도 허브다'라며 서양 허브 대신에
산초 잎을 뿌려봅니다. 버터, 밀가루, 생크림, 진한 육수 같은 재료는 쓰지 않는 대신 색감과 모양이 좋은 요리를
만들어요.

### 배질셀러리스파게티

●●● 스파게티면 300g, 생표고버섯·목이버섯 12개씩,
토마토 2개, 셀러리 잎 한 줌, 배질 잎 8~9장,
올리브유·집간장 3큰술씩, 통후춧가루 1/2작은술

1 스파게티면은 삶아서 건져둔다.
2 생표고버섯은 얇게 저며 썰고 목이버섯은 먹기
좋게 썬다. 토마토는 큼직하게 썬다.
3 달궈진 팬에 올리브유를 두르고 버섯과 토마토를
볶다가 삶아 둔 스파게티면을 넣고 간장과
통후춧가루로 양념하여 볶는다.
4 마지막에 셀러리와 배질을 넣고 재빨리 휘저어
담아낸다.

### 로즈매리오이피클

●●● 오이 3개, 비트 1개, 통후춧가루 2작은술, 로즈매리 잎 10장 정도, 월계수 잎 5~6장 정도,
물·현미식초·원당 2컵씩, 구운소금 5큰술

1 오이는 1cm 길이로 동글썰기 하고, 비트는 1cm 크기로 깍둑썰기 한다.
2 썰어둔 오이와 비트를 병에 담고 통후춧가루와 로즈매리, 월계수를 넣는다.
3 냄비에 물과 식초, 원당, 소금을 넣고 끓여 뜨거울 때 오이와 비트에 붓는다. 하루나 이틀 뒤에 재료를
건져 소쿠리에 밭치고 남은 국물을 다시 한 번 끓여 식힌 다음 재료에 붓는다.

### 산초잎수제비볶음

••• 우리밀 수제비 300g, 가지 1개, 새송이버섯 2개, 토마토 2개, 풋고추 2개,
구운소금 1작은술, 집간장 2큰술, 산초 잎 조금

1 수제비는 삶아 찬물에 헹궈 건져둔다.
2 가지와 새송이버섯은 2~3cm 길이로 썬다. 토마토는 먹기 좋은 크기로 썰고,
풋고추는 1cm 길이로 동글썰기 한다.
3 기름을 두르지 않은 뜨거운 팬에 가지와 새송이버섯을 볶다가 소금으로 간하고,
수제비와 토마토, 풋고추를 넣고 간장으로 간해 재빨리 볶는다. 완성된 수제비볶음을
그릇에 담고 산초 잎을 얹는다.

## 펜넬비빔국수

••• 우리밀 소면 300g, 오이 1개, 토마토 2개, 비트 1/10조각, 펜넬 조금
**양념장**) 생와사비 2큰술, 꿀·현미식초 3큰술씩, 구운소금 1/2큰술

1 국수는 끓는 물에 넣고 3분 정도 삶아 건져서 찬물에 헹궈서 동그랗게 말아둔다.
2 오이는 길이로 반갈라 5cm 길이로 눈썹썰기 하고, 토마토는 8조각으로 썬다. 비트는
살게 다져서 찬불에 2~3문 우려서 건신나.
3 접시에 준비한 국수와 오이, 토마토를 가지런히 담고 비트와 펜넬을 올려 양념장을
끼얹는다. 국수에 오이, 비트, 양념장을 넣어 버무린 후 토마토를 곁들여도 된다.

181

루이보스티

히비스커스티

로즈매리티

레몬버베너티

페퍼민트티

허브농장 안주인이 우려낸
그윽한 향차

내가 '새빛'이라는 애칭으로 부르는 허브농장 안주인인 형근이, 태근이 엄마는 열정으로 부글거리는 활화산같이 활기찬 에너지를 가진
여인이에요. 큰아들 형근이는 햇살이 눈부신 봄날이면 학교에 가만히 앉아 있는 것을 견딜 수 없어서 발길 닿는 대로 바람결 따라
하루 종일 혼자만의 투어를 나서는 섬세하고 예민한 피아니스트 지망생이구요. 작은아들 태근이는 엄마 닮아서 활동적이면서도
리더십이 대단해서 스무 명 정도의 아이들을 인솔하여 자전거 통학을 할 때도 있다고 하네요. 남편과 삼촌, 그리고 가게를 돌봐주는
아주머니들 모두가 비슷한 얼굴 모습과 비슷한 얼굴 표정을 갖고 있네요. 늘 웃는 얼굴이라 도무지 화내 본 적이 없는 사람들인 것만
같아요.

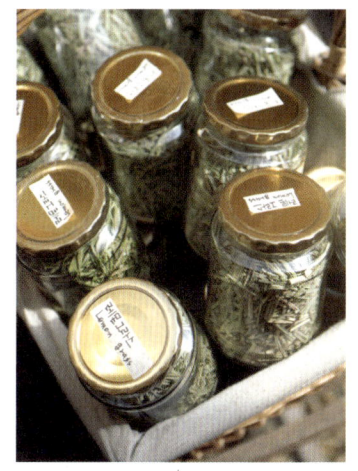

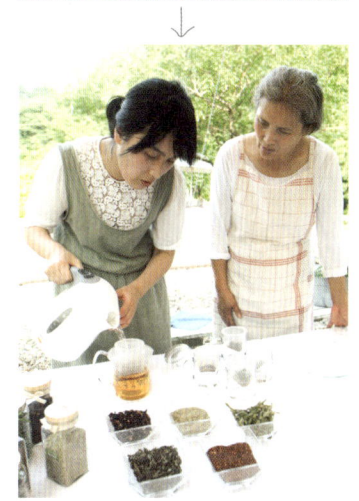

산다는 것은 바로 그런 거지요. 손수 지은 집에서 손수 가꾼 식물로 차도 만들어 마시고 손수 만든 옷과 이부자리, 식탁보와 냅킨, 직접 만든 밀랍초, 마음껏 자라나는 아이들—숲에 들어온 지 십여 년 째—. '쓰는 걸 줄이니 버는 게 적어도 되더라. 직접 만들고, 가족과 함께 모든 시간을 보내니 행복이 커지더라.'고 말하는 허브농장 가족들의 표정만 봐도 이런 마음이 읽힙니다.

허브농장 안주인이 손수 만든 허브차를 우리 모두에게 대접하네요. 그윽한 향이 마음까지 가득해지는 듯합니다. 예전에 내가 산에 살 적에는 아카시아 꽃과 찔레꽃을 그늘에 말리고 자소엽과 오월쑥, 그리고 참나물을 그늘에 말려서 차를 만들었어요. 감국같이 향이 강렬한 꽃은 살짝 쪄서 말려야 부드러운 향을 얻을 수 있었어요. 눅눅하게 장마 진 날 따끈하게 우려 마시던 자소엽차와 참나물차의 향은 우전이나 고산차를 능가하리만큼 진하고 부드러운 고급차였어요.
오늘 허브농장 안주인인 새빛은 말린 로즈매리와 레몬버베나, 페퍼민트를 내어 놓네요. 잠시 시계바늘이 되돌려져서 예전에 산속 오두막에서 따뜻한 차를 마시던 기억과 오버랩되는 순간입니다.

↓

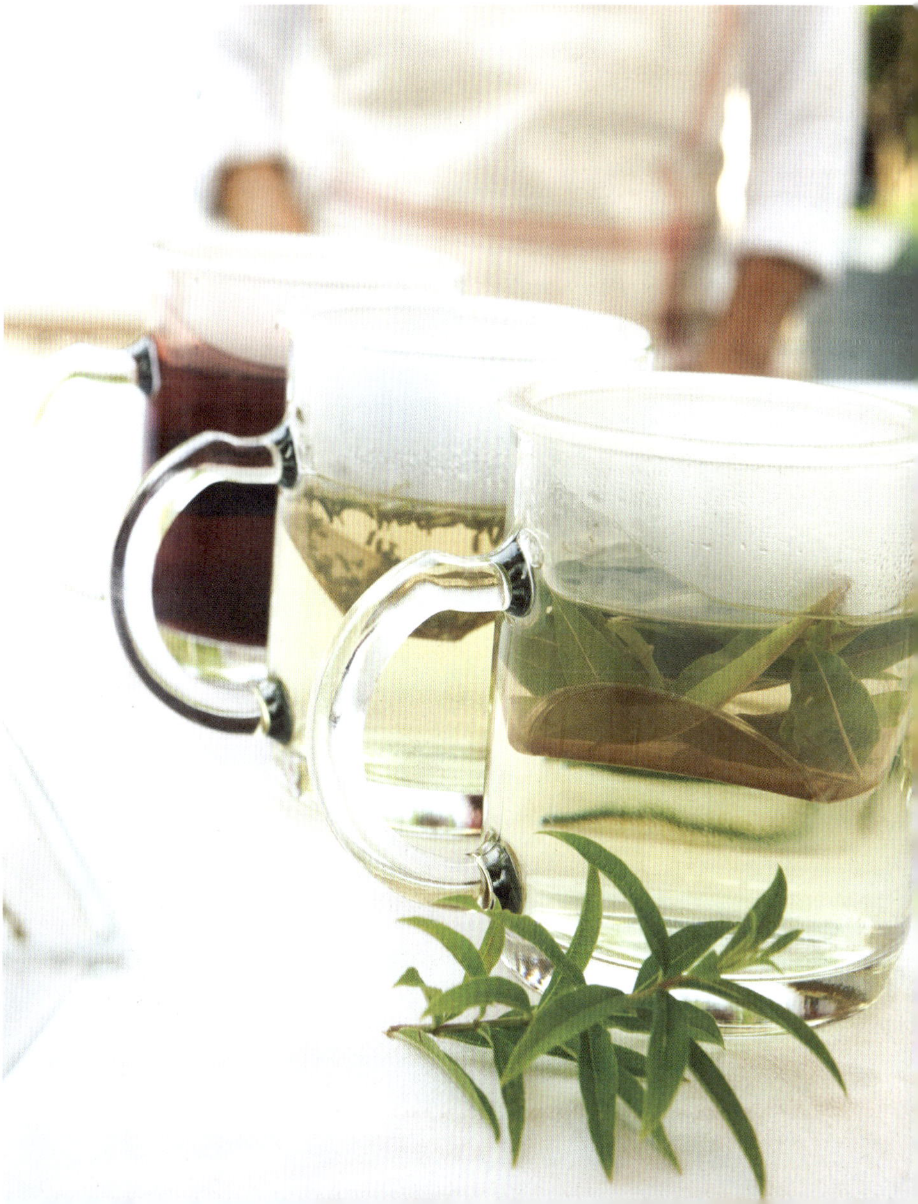

### 허브농장 안주인이 일러주는 허브티 다섯 가지

••• 레몬버베나·루이보스·로즈매리·히비스커스·페퍼민트 1잔(200~250cc) 기준 1/2~1작은술씩, 물 1ℓ 정도

허브를 거름망이 있는 컵에 넣고 90℃ 정도 (물이 끓고 2~3분 정도 후) 뜨거운 물을 부어 향이 날아가지 않도록 뚜껑을 덮어 2~3분 정도 우려내어 향을 음미하면서 마셔요. 한 번 우린 허브는 버리지 말고 2~3회 정도 더 우려 드세요. 두 번째 잔은 1분, 세 번째 잔은 4~5분 우려내면 됩니다.
허브티는 카페인 성분이 없다는 사실을 아시나요? 개봉한 차는 밀봉하여 직사광선이 없는 건조하고 서늘한 곳에 보관하세요. 개봉한 차는 가급적 빨리 드시는 게 좋아요.

나스터튬(한련화)

헬리오트로프

오레가노

타라곤

월계수

야로우(톱풀)

레몬제라늄

레몬그라스

로즈매리

맥문동

타임

세인트존스워트

펜넬

스피어민트

애플민트

배질

# 빛과 향 고운 허브들

(시계방향) **나스터튬(한련화)** 다홍색·주황색·흰색·노란색 등 꽃 색이 화려하다. 샐러드, 샌드위치, 쌈 등으로 먹는다. **헬리오트로프** 자주색 또는 보라색 꽃이 꽃다발처럼 피며 꽃에서 진한 초콜릿 향이 난다. **오레가노** 토마토소스, 파스타에 어울린다. 소화 촉진 효과가 있다. **타라곤** 매콤하면서 쌉쌀한 맛. 소스, 샐러드드레싱, 샐러드, 식초, 달걀요리 등에 넣는다. **월계수** 생잎을 건조해 향신료로 사용. **야조우(톱풀)** 산과 들에서 흔히 자라는 다년생 풀. 설사, 감기, 허약 체질에 효과적이며 식욕을 돋운다. **로즈매리** 두통 완화, 기억력과 집중력 강화에 도움. **맥문동** 그늘진 곳에서 자라고 자줏빛 꽃이 핀다. 약용 부위는 덩이뿌리로, 폐를 튼튼히 하고 천식과 기침에 좋다. **세인트존스워트** 마음을 진정시키는 효과가 있어 우울증 치료에 좋다. **배질** 이탈리아와 프랑스 요리에 종종 쓰인다. 두통, 신경과민, 불면증, 구내염 등에 좋다. **애플민트** 사과와 박하 향이 난다. 소스, 젤리, 식초에 넣기도 한다. **스피어민트** 잎을 비비거나 잘게 썰어 사용한다. 소스, 과자류에도 많이 사용된다. **펜넬** 갱년기 증상, 정신 안정, 모유 촉진, 위통 등에 효과적. **타임** 두통, 우울증, 감기 등 치료에 도움이 되고 식욕을 돋운다. **레몬그라스** 이름처럼 상큼한 레몬 향이 난다. 수프, 소스, 샐러드 등에 쓰인다. **레몬제라늄** 여름부터 가을까지 분홍색, 흰색 꽃이 핀다. 레몬 향이 좋아 집 안에 두면 향기를 즐길 수 있다.

내 몸 살리는 아홉 번째 이야기

살림음식으로 차린 9월 밥상

# 미루마을에 찾아온 가을

## 무르익어 가는 열매, 넘실대는 코스모스에 미소 가득

70년대 모습 그대로인 괴산 시외버스터미널을 지나면 오백 미터 채 안 되는 거리에서 3일, 8일 건너 5일장이
섭니다. 장이 서는 날엔 뻥튀기 트럭, 온갖 나라에서 굴러온 서민적인 앤티크를 파는 트럭, 그리고 묘목 트럭이
있고 건너편엔 각종 농기구 소품들과 강아지, 고양이, 토끼, 염소 새끼들을 볼 수 있어요. 길게 시장 길을 덮은
천막 아래로 호떡, 어묵, 도토리묵, 정구지지짐, 막걸리, 순대를 맛볼 수 있는 난전과 채소, 부엌살림 등도
펼쳐지지요.

이 시장을 지나 괴강다리를 건너 계속 직진하면 오른쪽으로 금세 허물어질 듯 난간도 없는 송동다리를
만나요. 느릿하게 흘러가는 너른 개울, 그 곁에서 넘실거리는 코스모스와 갈대 습지 위에
걸쳐진 낡아빠진 송동다리를 건너면 아주 오래 전에 명태잡이 고깃배가 서고 명태를 지고
날랐다는 명태재 고갯길이 나오죠. 이 고갯길 오른쪽이 외사마을이구요. 오른쪽 신작로로 꺾어지면
표고버섯을 재배하는 비닐하우스와 사과 과수원 그리고 옥수수 밭과 벼가 머리 숙인 논이 나타납니다.

논의 왼쪽에 똑같은 모양의 오십여 채 유럽풍 집들이 펼쳐져 있는 곳이
미루마을이에요. 집 모양은 똑같지만 집집마다 주인장의 손길로 다듬어진
텃밭과 꽃밭을 보는 순간 입가에 미소가 번지게 되지요. 서툰 솜씨로 만든
개성 넘치는 마당은 집집마다 자랑스러움과 뿌듯함이 배어있어요.
사과, 배, 대추 열매들이 투명한 가을빛에 쏘여 반짝반짝 빛나고, 여러
가지 색의 맑은 빛 코스모스 꽃들이 넘실대네요. 조그만 텃밭에 상추,
쑥갓이나 가꿔 먹던 내게 이집 저집에서 옥수수, 땅콩, 밤 등
현물 성금이 넘치게 들어와요. 이래서 '내년에도 농사짓지
않아도 먹고는 살겠네' 라는 생각이 슬며시 듭니다.
사람 사는 냄새, 사람 사는 맛이 이런 건가 해요. 아직은 도시 살림을 청산하지
못한 집이 더러 있고 주말에 내려와서 시골 살림을 익히던 미루마을 사람들은
정작 추석이나 설이 되면 차례를 지내기 위해 반수 이상이 마을을 떠나서
도시로 가요. 하지만 차례를 지내자마자 일가친척과 함께 바로 내려오니 명절
다음날은 어느 때보다도 사람들로 북적댑니다.

서울에서 신문사 사진기자로 일하던 아랫집 성 선생이 수확한 수숫대를 엮는
걸 보고 슬며시 다가가니 "선생님, 이거 드릴까요?" 하네요. 내심 탐이 나는
터라 대답을 못하고 빙긋이 웃기만 하는 마음을 알아차렸는지 수수묶음을
흔쾌히 건넵니다. "잡곡 수확이 좀 어때요?" "에이, 아직은요. 내년을 기대해
봐야죠. 노동도 은근히 중독성이 있나 봐요. 이젠 몸을 움직이지 않으면
근질근질해요." 평생 농군으로 살아온 사람처럼 시커멓고 순박한
얼굴, 질그릇 같이 투박한 말투로 보아 먹물 먹은 도시 출신
같지 않게 마음과 몸이 자연 그대로인 농부 같아요. 농사짓는
틈틈이 읍에 나가 막노동 품을 파는데 그 일이 이젠 몸에 배어 쉬면 몸이
근질근질하다고 합니다. "저리, 자유롭게 살고 싶었던 걸 어찌 참고 신문사
기자노릇을 했을꼬?" 성 선생의 웃음 띤 시커먼 얼굴에 씌어 있네요.

## 가을 햇살과 바람을 품어 풍요로움이 담뿍 담겼네

이른 아침, 이슬도 채 마르기 전 집 앞 데크에 조선호박이 얌전히 놓여 있네요. 누가 다녀갔는지도 모르게 데크나 현관 앞에 호박, 가지, 고구마, 옥수수, 땅콩, 버섯 등이 놓이곤 해요. 그래도 짐작은 가요. 누구누구 네서 이런 걸 심고 수확하더라는 걸 대충 아니까요. 주고받는 따뜻한 마음에 미안하고 고마운 느낌이 뭉실뭉실 퍼집니다.

'이 마음들에 어떻게 보답해야 할까?'

땀 흘려 거름 주고 벌레 잡으며 정성스레 돌본 열매라는 걸 알기에 함부로 할 수
없어 곧바로 다듬고 썰어서 말리는 작업을 합니다. 싸릿대를 펴고 두루마리 삼베를
펼쳐 손질한 채소들을 하나하나 가지런히 놓습니다. 조글조글하게 햇살에 말라가는
얇게 썬 채소들은 수분이 빠지면서 색도 더 선명해져요. 눈을 들어 보면 키 큰
나뭇가지에 매달린 잎새들도 몸이 주글주글해지는 동안 투명해진 가을 햇살 속에서
더욱 가벼워진 느낌이 듭니다.
마지막으로 수확한 버섯이나 호박, 가지 등은 미처 다 먹지 못하니 선선한
가을바람에 잘 말려서 갈무리하였다가 두고두고 꺼내어 먹으면 졸깃졸깃하고 깊은
향이 나는 게 생으로 먹는 것과는 다른 감칠맛이 있어요.

이런 재료들을 말릴 때 가장 주의할 점은 겹쳐지지 않게 하나하나
가지런히 잘 펴서 말려야 한다는 거예요. 채소를 다듬을 때도
정갈하게 잘 손질해 두면 다음 일이 수월하고 마무리도 깔끔하게
됩니다. 처음에 그렇게 공을 들여 놓아야 나중에 일이 쉬워져요. 마음이 바빠서
재료들을 대충 펼쳐 놓으면 마르는 동안 서로 겹쳐지기도 해서 곰팡이가 슬기도
하고 깨끗하게 말려지지 않거든요. 이렇게 잘 펼쳐 놓으면 볕이 좋고 바람이 잘
통할 땐 일주일만 말려도 됩니다. 잘 말려진 재료들은 습기가 닿지 않도록 묶어두면
오랫동안 보존이 가능해요. 용도에 따라 너무 바싹 말리지 않고 꾸덕하게 말릴 때는
냉동 보관이 좋아요.
잘 말린 채소들을 물에 불릴 때는 미지근한 물이 좋아요. 너무
오랫동안 담가두지 않아야 해요. 재료에 따라서 수분 함량이 다르니까
물에 담그는 시간도 다를 수밖에 없는데 보통 30분만 담가도 잘 불려지는, 수분이
많은 가지나 호박, 버섯과는 달리 섬유질이 많은 산나물은 하룻밤 푹 불려야
부드러워져요. 물에 담가서 적당한 시간이 지난 후 손으로 만져보고 씹어보아 너무
질기지 않고 너무 물컹거리지 않아야 졸깃한 맛이 있답니다. 말린 재료는 양념이
배도록 잘 무친 다음 조리해야 맛있게 만들어집니다.

무버섯두부찜

새송이버섯구이

아스파라거스적

셀러리전

생강전

오이국화잎무침

차조송편

검은콩미역생강조림

밤대추잡곡밥

무란표 고버섯국

# 풍석 서유구 선생식으로 차린 추석 상차림

"우리나라 고서인데 〈임원십육지-정조지〉라는 음식책이 번역
되었어요. 언니의 음식과 비슷해서 도움이 될 것 같으니 한번
보시죠" 라는 후배의 전화를 받고 바로 주문해서 얻은 책엔
과연 소박하고 간단하면서도 기품 있는 채소요리 만드는 법이
많이 있네요. 규합총서, 음식디미방, 궁중음식 등 음식에 관한
옛 문헌들이 많지만 그 책의 내용들은 손이 많이 가고, 복잡한
요리들이어서 자연요리로 요즘에 맞게 풀어내기엔 어려움이
많았던 터라 눈이 확 뜨이는 느낌이에요.
정약용 선생과 같은 시대에 양대 맥을 이루었던 큰 선비이신
풍석 서유구 선생께서 남긴 방대한 생활백과 16분야에 걸친
자료인지라 〈임원십육지〉라고도 부르며 그중에 음식분야를
'정조지'라 해요. 그중에서도 음료, 과자, 채소음식에 관심이
쏠렸는데 좀 더 체계적으로 공부해야겠다는 생각을 하게
되네요. 아주 오래전에 이런 약성음식이 일반적으로 상에
올랐다는 놀라운 사실과 여러 세대에 걸쳐 흘러온 것이
우리의 삶 속에서 재창조되어서 다른 모양으로 만들어 내게 된
자연요리인 것 같아서 감사한 마음이 불쑥불쑥 올라왔어요.

이 추석상의 혼돈반이나 오이무침, 콩조림 등을 선비이신
서유구 선생이 일러주신 대로 요즘 재료로 재현해본 건데 맛과
기품이 뛰어나더군요. 특히 흑두초라는 이름의 **콩조림**엔 **귤피와
생강, 후춧가루**로 따뜻한 기운을 충분히 넣고 **미역과 꿀**을
보태어서 만든 영양과 약성이 고루 배합된 환상의 레시피에요.
자국묘라는 이름의 **오이무침**은 **국화 잎을 녹두가루에 지져서**
오이와 함께 **무친 것**인데 간장과 식초만 가지고 향과 맛을 살린
요리예요. 총적(파적)은 움파 대신 **셀러리 줄기로 지져서** 향이
좋아요. 통신병(**생강전**)의 사각거리는 맛과 향도 고급스러운
느낌이지요. 혼돈반은 **밤, 대추**를 정갈하게 썰어서 **멥쌀과
찹쌀, 팥에 섞어 지은 밥**인데 이렇게 차린 선비의 상차림이
어찌나 단아하고 고급스러운지요. 요란스럽지 않으면서도
향, 맛, 모양의 어우러짐이 우리나라 고유한 품격을 고스란히
드러내네요.

조선시대 선비이신
풍석 서유구 선생이
남긴 '정조지'라는
책에 수록되어 있는
약용음식 중
추석 상차림으로
좋은 음식을 발췌,
재현해 봤어요.

## 차조송편

*** 오분도미 4컵, 차조 2컵, 솔잎 3～4줌, 구운소금 2작은술, 참기름 4큰술,
뜨거운 물 1컵 정도
**송편소}** 볶아서 곱게 빻은 깨 2컵, 원당 4큰술, 꿀 2～3큰술,
구운소금 2작은술, 계피가루 2큰술

1 오분도미와 차조를 섞어서 하룻밤 불린 다음 건져서 물기를 빼고
방앗간에서 가루로 빻아온다.
2 빻아온 가루에 소금을 넣고 고루 섞어 고운체에 한 번 내린 다음 뜨거운
물을 넣어가며 말랑말랑해질 때까지 익반죽한다.
3 송편소 재료들은 한데 섞어 치댄 다음 지름 1cm 정도로 동그랗게 빚는다.
4 쌀 반죽을 지름 2～3cm 정도 크기로 떼어 동그랗게 빚은 후 가운데 구멍을
내어 소를 넣어서 가장자리를 오므려 붙인다. 버섯코처럼 오동통하게 빚어서
마무리한다.
5 김이 오른 찜솥에 베보자기를 깔고 그 위에 솔잎을 깐 다음 빚은 송편을
간격을 두고 얹는다. 그 위에 솔잎을 넉넉히 뿌리고 다시 송편을 가지런히
놓는다. 다시 그 위에 솔잎을 뿌리고 송편을 켜켜이 얹어서 20여 분간 폭 찐다.
6 떡이 투명하게 익으면 꺼내어 솔잎을 떼낸 후 참기름을 묻힌다.

✚ 솔잎을 깔고 송편을 찌면 향이 좋고 떡이 쉬거나 굳는 것을 막아준다. 찐 송편에
참기름을 발라주면 마찬가지로 떡이 굳는 것을 막아준다.

## 밤대추잡곡밥

●●● 멥쌀 1컵, 찹쌀 1/8컵, 팥 1/8컵, 밤 3개, 대추 6개, 물 1과1/2컵

1 멥쌀과 찹쌀, 팥을 씻어서 1시간 정도 물에 불린다.
2 팥은 물을 자작하게 부어 한 번 끓어오르면 물을 따라버리고, 다시 팥이 잠기도록 물을 부어 중불에서 30분
정도 무르도록 삶는다.
3 밤은 껍질을 벗기고 사방 0.7㎝ 크기로 썬다. 대추도 씻어 씨를 빼고 밤과 같은 크기로 썬다.
4 솥에 멥쌀, 찹쌀, 팥, 밤, 대추를 섞어 넣은 후 물을 부어 밥을 짓는다.

✚ 〈정조지〉에는 혼돈반방(渾沌飯方)이라 하여 멥쌀, 팥, 익힌 밤, 말린 대추를 섞어 밥을 짓는다. 먼저 팥을 삶아 익히고 멥쌀, 대추,
밤을 넣어서 찐 다음 떡과 같이 엉겨서 푹 익힌다. 찹쌀을 조금 더하여 찰기를 더하면 더욱 좋다고 되어 있다.

## 토란표고버섯국

●●● 알토란 10개, 생표고버섯 6~7개, 집간장 4큰술, 약초맛물 8컵

1 알토란은 껍질째 깨끗이 씻은 후 0.5cm 두께로 썰어 끓는 물에 살짝 데치고, 생표고버섯은 얇게 썬다.
2 냄비에 알토란과 생표고버섯, 간장을 넣고 약초맛물을 부어 처음엔 센 불에서 끓이다가 불을 낮추어
20분 정도 푹 끓인다.

✚ 토란의 끈적임을 없애기 위해 물에 데치는데 쌀뜨물에 데치면 더 좋다. 토란의 끈끈한 성분에 무틴과 갈락틴이
있는데 해독과 소화촉진 작용을 한다. 명절 때 소화를 돕기 위해 토란탕을 끓인다.

풍석 서유구 선생의
〈임원십육지〉 중 음식분야인
〈정조지〉에는 소박하면서도
기품 있는 채소요리들이 많이
나와 있어요. 손이 많이 가지
않고 간단해서 자연요리로
풀어내기 좋아요.

## 무버섯두부찜

●●● 무 1/3개, 두부 1모, 생표고버섯 6장, 다시마 사방 10cm, 집간장 3큰술, 약초맛물 2컵

1 무는 깨끗이 씻어서 껍질째 둥글게 썰고, 두부는 도톰하게 6등분한다.
2 생표고버섯은 2~3조각으로 썰고, 다시마는 사방 2cm 길이로 썬다.
3 냄비에 무, 두부, 생표고버섯, 다시마를 넣고 약초맛물을 붓는다.
4 약초맛물을 부은 재료에 간장을 넣고 센 불에서 끓이다가 불을 낮추어서 서서히 익힌다.

✛ 은은한 약초 향이 돌면서도 재료 자체의 맛과 향이 그대로 살아있는 깨끗하고 정갈한 음식이다.

### 생강전과 셀러리전

생강 3쪽, 셀러리 2줄기, 통밀가루 1과1/2컵,
구운소금 1작은술, 현미유 1/2컵, 물 1컵

1 생강은 껍질을 벗기고 편으로 얇게 썰어서
찬물에 담가 매운맛을 뺀다. 셀러리는
어슷하게 썬다.
2 통밀가루 1컵에 소금과 물을 넣고 잘
풀어 반죽옷을 만든다.
3 생강과 셀러리에 마른 통밀가루를
묻히고 반죽옷을 입힌다.
4 뜨거운 팬에 현미유를 두르고
노릇하게 지진다.

✱ 〈정조지〉에는 통신병방(通蝓餅方)
이라 하여 생강을 얇게 썰어 대파를
잘게 썰어서 통밀가루를 섞어 찰떡 기름에
튀겨 먹으면 수월을 막아 준다고 되어 있다.
대파 대신 셀러리로 만들었다.

### 아스파라거스전

아스파라거스 5줄기, 통밀가루 1/2컵, 집간장 1큰술.
참기름 1/2작은술, 현미유 1큰술, 현미식초 1작은술, 물 4큰술

1 아스파라거스는 7cm 길이로 썰어 끓는 물에 살짝 데친 후 찬물에 헹군다.
2 통밀가루에 물, 간장, 참기름을 넣어 반죽옷을 만든다.
3 아스파라거스를 꼬치에 꿰어 반죽옷을 고루 입힌다.
4 뜨거운 팬에 현미유를 두른 후 아스파라거스를 놓아 지져내고 현을 때 식초를 뿌린다.

✱ 〈정조지〉에 송적방(淞炙方)이라 하여 입춘이 지난 뒤 땅에 돋아나록고 연한 순이 자란 대파를
캐낸 줄기를 저것처럼 끊는 물에 데친다. 매친 물기는 얇은 대파 조곽해고 간장으로 절여 쪄서
반상에 만드는 여기서 기름과 간장으로 볶아한 통밀가루ㅁ절때ㅁ 솔에에 묻고 식초를 쳐서
먹는다고 되어 있다.

### 새송이버섯구이

새송이버섯 3개, 참기름 2큰술, 집간장 1과 1/2큰술

새송이버섯은 길이로 3~4등분한 후 참기름과 간장을 섞은 유장을 발라
석쇠에 굽는다.

✱ 〈정조지〉에 송어적방(松魚炙方)이라 하여 송이버섯에 참기름과 맛 좋은 간장물 발라
숯불에 구워 반을 익혔는데 3~4월경 죽하였었다. 열어 막을 무렵인 4월경에 잔목 아래에도
가끔 송이버섯이 자라는데 진짜 송이버섯만 향기가 있고 맛에도 투다고 한다.

## 오이국화잎무침

••• 오이 1개, 국화 잎 1/2컵, 녹두가루 1컵, 구운소금 1큰술,
현미유 3~4큰술, 집간장 1큰술, 현미식초 1/2작은술

1 오이는 얇게 송송 썰어 소금에 절였다가 꼭 짜서 살짝 볶아서 식힌다.
2 국화의 연한 잎을 끓는 물에 살짝 데친 후 찬물에 헹구어 물기를 뺀다.
3 데친 국화 잎에 녹두가루를 앞뒤로 고루 입힌 후 팬에 현미유를 두르고
지져낸다.
4 볶은 오이와 지진 국화 잎에 간장과 식초를 넣고 버무린다.

✚ 〈정조지〉에는 **자국묘방(煮菊苗方)**이라 하여 국화의 연한 잎을 따서 끓는 물에
데쳤다가 녹두가루에 굴려 솥에다 넣고 약간 볶는다. 볶은 국화 잎을 다른 나물과
섞어 장과 초 등을 쳐서 먹으면 싱그럽고 향긋하여 입안이 시원하다고 되어 있다.

## 검은콩미역생강조림

••• 검은콩 1컵, 마른미역 1/3컵, 생강 2쪽, 귤껍질 2개 정도, 통깨 1큰술,
잣가루 1큰술, 후춧가루 1/3작은술
**양념}** 집간장 5큰술, 참기름 2큰술, 꿀 2큰술, 물 1과1/2컵

1 검은콩은 찬물에 넣어 끓인다. 물이 한 번 끓어오르면 약한 불로 낮추어 30분간 푹
무르게 삶는다.
2 미역은 찬물에 불려 4cm 길이로 썬다. 생강은 껍질을 벗기고 가늘게 채썬다.
3 귤껍질은 씻어서 하얀 속껍질 부분은 잘라내고 겉껍질만 가늘게 채썬다.
4 준비한 검은콩, 미역, 생강채, 귤껍질채에 간장, 참기름, 꿀, 물을 넣고 약한 불에서
즙액이 진하게 될 때까지 조린다. 마지막에 통깨, 잣가루, 후춧가루를 뿌린다.

✚ 〈정조지〉에는 **흑두초방(黑豆炒方)**이라 하여 검은콩 한 말에 물을 붓고 끓이는데 물이 끓어
넘쳐 마를 때까지 삶는다. 여기에 미역, 생강, 귤껍질을 채썰어 넣고 간장과 참기름 각 한 사발,
꿀 한 잔을 넣어 휘저어 섞은 뒤 다시 뭉근한 불로 가열하면 미역이 퍼지고 즙액이 진하게 된다.
여기에 볶은 참깨, 잣가루 및 후춧가루 등을 뿌려 자기항아리에 저장한다라고 되어 있다.

호박새송이버섯꼬치구이

양배추메밀전병

채소전골

# 가을바람 선들할 때, 따뜻한 손님맞이 전골상

요즘은 집에서 손님을 접대하는 일이 흔치 않아요. 주로 밖에서 식사하고 차 마신 뒤 헤어지거나, 밖에서 식사한
후 차와 과일 정도를 집에 와서 먹는다고 해요. 손이 많이 가는 음식을 집에서 만들 생각만 해도 머리가 지끈지끈
아프죠. 간단하게 만들 수 있고 맛도 좋고 건강에도 좋은 속이 편한 음식이라면 집에서라도 손님 접대를 할 만하지
않을까요. 약초맛물에 간장과 조청을 넣어서 맛을 내고 흔하디 흔한 채소들과 당면을 한 줌 넣어서 폭 끓인
<mark>채소전골</mark>은 어른 아이 다 잘 먹고 좋아하는 음식이지요. 특히 가을바람이 선들한 저녁에 뜨끈하고 달착지근한 전골
국물을 후루룩 마실 때 등짝이 따뜻해집니다.

메밀은 성질이 찬 편이긴 하나 뛰어난 해독작용이 있고 이뇨에 도움을 주지요. 통밀가루를 섞어 **메밀전병**을 지져서 어린잎채소와 겨자장이나 와사비소스를 얹어 먹으면 멋지기도 하고 맛도 있어서 손님상에 내기에 훌륭한 음식이에요. **새송이버섯과 단호박**을 꼬치에 꽂아 간장과 기름을 발라 구운 **꼬치산적**은 맛이 아주 담백해서 손님상에 제격인 음식이죠. 굳이 밥을 내지 않아도 이만하면 훌륭한 상차림인데 생활습관 병이 있는 어른이나 날씬해지고 싶은 아가씨, 집중력이 필요한 수험생이나 정신노동을 하는 사람들을 위하여 좋은 음식들이랍니다. '밥이 있어야 밥상이지'라는 생각에서 자유로울 수 있다면 이 조촐한 음식만으로도 훌륭한 식사가 되지요.

흔하디 흔한 채소들과 당면으로
끓인 채소전골은 담백하면서도
깊은 맛이 일품이에요. 서늘한
가을날 손님상에 안성맞춤이지요.

## 채소전골

●●● 당면 한 줌, 배춧잎 4장, 당근 1/2개, 미나리 1/2봉지, 백만송이버섯·느타리버섯·목이버섯 한 줌씩,
집간장 4큰술, 원당 3큰술, 약초맛물 5컵

1 당면은 뜨거운 물에 불린 다음 건져서 준비해 놓는다.
2 배춧잎은 4~5cm 길이로 굵게 썰고, 당근은 배춧잎과 같은 길이로 가늘게 채썬다. 미나리도 배춧잎과
같은 길이로 썰어둔다.
3 백만송이버섯은 먹기 좋게 떼어놓고, 느타리버섯은 결대로 찢는다. 목이버섯은 물에 불려 찢어놓는다.
4 약초맛물에 간장, 원당을 넣어서 양념한다.
5 전골냄비에 준비한 재료를 돌려 담고, 양념한 약초맛물을 부어 끓여서 맛이 어우러지면 먹는다.

## 양배추메밀전병

**•••** 양배춧잎 2장, 무 1/5개, 파프리카 1/2개, 적채 1장, 비트 조금, 메밀가루 1컵, 통밀가루 1컵, 구운소금 1작은술, 현미유 1/3컵, 물 2컵

**겨자소스}** 겨자가루 2~3큰술, 꿀 4큰술, 현미식초 4큰술, 구운소금 1큰술, 따뜻한 물 1큰술

1 양배추, 무, 파프리카, 적채는 곱게 채썰고, 비트는 사방 0.2cm 크기로 썰어 찬물에 담갔다가 건진다.

2 메밀가루와 통밀가루를 섞고 물과 소금을 넣어 반죽한다.

3 팬을 달군 뒤 현미유를 두르고 약불로 맞춰 반죽 4큰술을 떠놓고 숟가락으로 원을 그리듯 돌려서 반죽을 둥글게 펴준다. 앞뒤가 살짝 노릇하게 익으면 접시에 담는다.

4 전병 위에 준비한 채소들을 올리고 겨자소스를 곁들인다.

**✚ 겨자소스 만드는 법**
겨자소스는 겨자가루 2~3큰술에 따뜻한 물 1큰술을 넣고 되직하게 개어 뜨거운 냄비뚜껑 위에 엎어서 10분 정도 발효시킨다. 뜨거운 물을 부어서 5분 정도 두었다가 따라낸 다음 꿀, 식초, 소금을 섞는다.

**✚✚** 메밀전병에 양배추, 무 대신 사과, 배, 단감을 이용해도 좋다.

새송이버섯과 단호박을 손가락
길이로 잘라 꼬치에 꽂은 후 유장에
발라 구웠어요. 손님상에도 좋지만
아이들 간식으로도 그만이지요.

### 호박새송이버섯꼬치구이

●●● 늙은 호박 200g, 새송이버섯 3개, 참기름 3큰술, 집간장 1큰술, 꼬치 적당량

1 호박은 껍질을 벗기고 1.5×1×7㎝ 크기로 썬다. 새송이버섯은 길이로 3~4등분한다.
2 꼬치에 호박과 새송이버섯을 번갈아 꿰어 참기름과 간장을 섞은 유장을 발라 굽는다.

✚ 〈정조지〉에는 **남과적방(南瓜炙方)**이라 하여 늙어서 색이 노란 호박은 이듬해 봄까지 저장할 수
있다. 3월경 소나무에서 버섯이 돋아날 때 호박을 손가락 굵기로 길게 썰어 송이버섯과 함께 꿰어
참기름과 간장을 발라 난롯불에 구워 먹으면 맛이 뛰어나다고 한다.

차조설기떡

수정과

# 수정과와 차조설기떡으로 차린 다과상

계피와 생강은 둘 다 맵고 따뜻한 기운을 가진 식재료로써 아주 오래전부터 우리나라 사람들이 즐겨 먹던
음식 재료예요. 보통 양념으로 쓰이지만 이렇게 잘 끓여서 후식이나 차로 마시기도 해요. 곶감을 넣고 끓인
수정과는 몸을 따뜻하게 하여 순환을 도와주고, 호흡기를 건강하게 지켜주기 때문에 가을부터 봄까지
즐겨 먹던 음료이지요. 수정과는 계피와 생강, 때로는 통후추까지 넣어서 달인 물에 미네랄이 많은 사탕수수
원당이나 꿀을 넣고 비타민, 미네랄이 듬뿍 든 곶감으로 영양의 밸런스를 높여준 약성이 가득한 음료인데
콜라처럼 톡 쏘는 맛이 좋아서 콜라를 좋아하는 아이들에게 권하면 좋아요.
계피와 생강을 다릴 때 이 두 가지 재료, 또는 통후추까지 넣을 때 이들 세 가지 재료를 각기 따로 다려서
적당한 맛이 우러났을 때 합한 후 곶감과 원당을 넣고 다시 한 번 달여 주어야 향이 제대로 납니다.
이 재료들에서 배어나오는 맛과 향이 시간과 온도에서 차이가 나기 때문에 섞어서 끓이면 맛이 훨씬 덜해요.
또 하나의 팁은 마지막에 소금을 조금 넣어주면 당도가 높아지고 감칠맛이 난다는 거예요. 이때 주의할 일은
소금 맛이 단맛을 해치지 않을 만큼 아주 조금 넣어주는 일이지요. 차조가루로 찐 설기떡과 수정과는 아주
잘 어울리는 다과상차림이랍니다.

## 수정과

••• 계피 40g, 얇게 편으로 썬 생강 수북이 2큰술, 통후추 10알, 곶감 6개, 원당 1컵, 구운소금 1작은술, 물 10컵

1 냄비를 2개 준비하여 한 냄비에는 물 5컵과 계피, 통후추를 넣고 중불에서 푹 끓인다. 다른 냄비에는 물 5컵과 생강을 넣고 끓으면 물을 한 번 갈아준 다음 푹 끓인다.
2 1시간 정도 후 각각의 냄비에서 계피와 통후추, 생강을 거른 다음 국물만 섞어 곶감, 원당, 소금을 넣고 30∼40분 정도 약불에서 서서히 끓인 후 차게 식혀 먹는다.

## 차조설기떡

••• 오분도미가루 4컵, 차조가루 2컵, 불린 팥 2큰술, 대추 20개, 밤 10개, 원당 3큰술, 구운소금 2작은술,
물 6큰술, 지름 18cm 스테인리스 틀

1 오분도미가루와 차조가루를 섞은 다음 물을 넣고 고루 섞이도록 잘 비빈다. 비빈 쌀가루를 한 주먹 쥐었다 펴
손을 흔들었을 때 풀어지지 않고 포슬포슬한 정도면 적당하다.

2 팥은 하룻밤 불린 다음 냄비에 넣고 물을 부어 끓어오르면 그 물을 따라버리고, 다시 새 물을 부어 중불에서
20분 정도 더 삶는다. 대추는 씨를 빼고 6등분하고, 밤은 껍질을 벗겨 대추와 같은 크기로 썬다.

3 비빈 쌀가루를 체에 두어 번 내린 다음 원당, 소금을 섞고 삶은 팥과 대추, 밤을 넣어 다시 한 번 잘 섞는다.

4 찜솥에 베보자기를 깔고 잘 섞은 쌀가루를 올려 20분 정도 찐다. 젓가락으로 찔러보아 가루가 묻어나지
않으면 익은 것이다. 쌀가루를 둥근 스테인리스 틀에 넣어서 찌면 케이크처럼 둥근 모양이 잡혀서 보기 좋다.

# 옹기종기 모여 나눠 먹는 정
## 호박이 익어가는 초가을 간식거리

도시의 아파트 살림에서는 흔치 않은 일이지만 이렇게 가까이 모여 살다보면 음식을 먹다가 지나가는 이웃이
눈에 띄면 기꺼이 불러들여 밥상에 숟가락 하나 더 얹는 일이란 아주 흔한 일상이에요. 그래서 울타리도 없고
대문도 없이 옹기종기 모여 있는 오십여 채의 미루마을 사람들은 무엇이든 나눠 먹는 일에 익숙하답니다.
어제 누군가가 현관 앞에 두고 간 고구마, 밤, 땅콩을 삶아 한 소쿠리 담고 또 다른 누군가가 준 누런 호박
한 덩이로 호박수프와 호박지짐을 부쳐 놓으니 괜시리 누군가를 자꾸 불러들이고 싶은 마음이 들어요.
시골 살림의 맛이 이런 거지요.
현미찹쌀, 차수수, 차조, 기장, 보리를 물에 불려 빻아서 냉동 보관해 두었던 오곡가루 한 봉지를 녹여서 늙은
호박전을 빚어 지지고 대추를 듬뿍 넣어서 더욱 달달해진 호박수프를 끓였으니 이웃들과 나눠 먹을 궁리를
한답니다.

### 호박수프

••• 늙은 호박 1/3개, 대추 10개,
구운소금 2~3작은술, 꿀 1/2컵, 물 10컵

1 늙은 호박은 껍질을 벗겨 씨를 빼낸 후 사방 2~3cm
크기로 썬 다음 냄비에 넣고 물을 부어 30분 정도 푹 끓인다.
2 호박이 물러지면 곱게 으깨고 고운체에 한 번 더 내려준다.
대추는 얇게 썬다.
3 으깬 호박에 대추와 소금을 넣고 약불에서 10분 정도
끓인다. 먹을 때 기호에 따라 꿀을 넣어도 된다.

### 늙은 호박전

••• 늙은 호박 1/3개, 오곡가루 2컵, 구운소금 3작은술,
현미유 1/3컵

1 늙은 호박은 씨를 빼내고 숟가락으로 긁어 1컵 분량을
만든다.
2 준비한 호박에 오곡가루와 소금을 넣어서 잘 반죽해
둥글납작하게 빚은 다음 달군 팬에 현미유를 두르고
굽는다.

✚ 늙은 호박 1/3개 분량은 어른 주먹만한 감자 2개 크기라고 보면
된다.
✚✚ 늙은 호박은 숟가락으로 긁어야 제 맛이 난다. 쉽게 채로
썰 수도 있지만 입안에서 녹는 맛을 즐길 수는 없다. 오곡가루에
수분이 많이 있으므로 물을 따로 넣지 않아야 되고 말린 가루를 쓸
때는 물을 적당히 섞어 주어야 한다.

* 오곡가루 만드는 법은 p.37에 있습니다.

# 햇살 가득 안은 곡물을 말리며

요리학원을 그만두고 산에 들어가서 살 때, 나의 주된 밥은 햇볕에 말린 스무 가지의 알곡과 온갖 뿌리채소와 열매, 산나물 말린 것을 가루 내어 만든 생식가루였어요. 내 몸 세포가 내가 먹은 것, 내가 들이쉰 공기, 내가 마신 물, 나의 생각들로 이루어져 있다는 걸 절실하게 깨닫게 된 계기가 되었지요.

햇볕을 충분히 받은, 익히지 않은 재료들은 내 몸 안으로 들어오자마자 싱싱한 새로운 세포로 변해서 내 몸을 찌꺼기가 남지 않은 가벼운 상태로 변화시켜 주었고 발밑에 쿠션이 깔린 듯 발걸음이 폭신하고 가벼워졌어요. 몸 속에 찌꺼기가 없으니 마음도 가벼워져서 나의 마음과 감정을 통제하고 다스리는 게 쉬워지기도 하구요. 자연의 놀라운 선물을 맘껏 누리고 산다는 게 누구에게나 가능한 일이고 돈으로 살 수 없으며 단지 마음을 열면 엄청난 보물들이 있다는 걸 알게 되었어요. 삶을 즐기면서 쉽고 가볍고 재밌게 살아갈 수 있는 방법을 터득하게 된 느낌이었지요.

산에서 내려온 후로 먹을 것을 말리지 못해서 생식을 하지 못했던 아쉬움이 있었는데 미루마을로 이사 오고 나서 다시 채우기 시작합니다. 손수 씻어 곱게 햇살에 말린 곡물가루와 텃밭에서 가꾼 채소와 과일로 한 끼 식사를 하는 즐거움은 오로지 느껴본 자만이 알 수 있는 느낌이지요.

햇살을 고루 먹으라고 발가벗은 곡식들을 쓸어주는 나의 손길엔 감사, 행복이 배어있습니다.

시간과 시간 사이에 바늘에 실을 꿰어서 바느질한 옷을 몸에 걸치니 삶이 더 헐렁해지네요.

솜을 누벼 이불도 만들고 겨울옷도 만드니 삶에 대한 두려움이 없어지네요. '아, 이러면 되는데… 이렇게 사니 부족함이 없는데 왜 그렇게 이런저런 두려움이 많았지?' 절로 드는 생각입니다.

살림음식으로
차린
10월 밥상

내 몸 살리는 열 번째 이야기

# 가을비 오는 날, 수채화 같은 마을

## 가을 끝자락에 돋아난 푸성귀 새싹들을 만나다

아이들은 학교에 가고, 사람들이 집에 있는지 없는지 알 수도 없게 오늘처럼 비라도 내리는 날은 마을 전체에
경건하리만큼 고요함이 감돌아요. '저기 저 가을 끝자리, 초록이 지쳐 단풍드는데…. 오오매 단풍 들 것 네!'
두서없이 시 구절들이 떠오르는군요. '계절이 바뀌는 걸 생생하게 보고 느낄 수 있으니 이만해도 감사하다'는
마음이 절로 드는데 가을비에 젖은 숲이 수채화 같군요. '아트 포 라이프(Art for life)!'라고 속삭이는 것 같아요.
이럴 땐 그저 하염없이 창밖을 보고만 있어도 좋네요.

문득 지난여름 피고 지던 꽃밭에서 흘러내린 씨앗들이 마지막으로 하얀 꽃을 피어낸 마가렛을 발견하고 눈이
휘둥그레져요. "아, 상추, 쑥갓, 치커리도 싹이 나왔네!" 이제 날씨가 제법 쌀쌀해졌고 가끔씩
서리도 내리는 터라 '이 차가운 날씨를 뚫고 여름 끝에 떨어진 씨앗들이 발아하리라곤
생각지도 못했는데…' 억세게도 땅에 뿌리내리고 목숨을 건져 올린 이 작디작은 초록 잎이

'삶을 멈추지 말라'고 일러주는 듯해요. 상추 꽃이 피고 쑥갓 꽃이 피어 화초밭이 아니라 채소 꽃밭이 되어버렸지만 앞뜰의 채소 뿌리들을 뽑아버리지 않았던 것은 화초보다 더 예쁜 채소 꽃의 모습과 향 때문이지요. 무엇보다 겨울을 버티고 살아남은 씨앗들이 봄에 싹 틔워낸 채소의 맛과 향을 보았던 산에서 살던 살림의 기억이 생생해서 짐짓 내년 봄을 기대했었는데 이렇게 겨울이 오기도 전에 가을 끝자락에 돋아난 푸성귀 새싹을 만나다니 느닷없는 행운에 손길이 바빠집니다.

사노라면 이렇게 생각지도 못했던 곳에서 행운을 만나기도 하고, 미처 준비할 새도 없이 실패를 맛보기도 하더라 싶어서 너무 좋아하지는 말자 싶네요.
"엄마가 수십 년을 살아보니 모든 게 지나가더라. 인생은 마라톤과도 같아서 달리고 또 달려서 결국엔 완주하는 게 중요하더라. 달리는 동안 좋은 것도 좋지 않은 것도 다 지나가더라. 그러니 좋다고 너무 빠져들지 말고, 좋지 않다고 너무 심각해 하지 마라. 그저 매 순간의 변화를 즐겨라. 인생은 마라톤이야. 초반에 너무 힘 빼면 끝까지 달릴 수가 없어. 인생은 길고, 여정은 흥미로우며 늘 변화하는 거란다. 쉽고 가볍고 재밌게 변화하는 시간과 삶을 즐겨라." 이제 스물셋이 된 딸에게 늘 들려주는 말이지만 오늘은 이 말을 내게 되돌리면서 초록 잎의 행운을 맞이합니다.

지난여름 채소 뿌리를 뽑아버리지 않았더니 가을 끝자락에 또 한 번 푸성귀 새싹을 만나게 되었네요.

# 10월의 살림살이, 겨울을 준비하며…

끝물 가지, 호박, 고추 등을 썰어서 말리는 동안 9월이 지나고 가을이 성큼 다가왔어요. 몇 년 전에 부산의 철마산 자락에서 살던 때가 생각나는 군요. 부산 근교이긴 해도 깊은 계곡 안이고, 큰 저수지가 있는 상수원 보호구역이라 일반인들의 출입이 쉽지 않은 곳이었어요. 이 마을에 유난히도 커다란 감나무들이 많았어요.

"잎이 넓직해서 그늘도 만들어 주고 맛있는 감도 주는 감나무가 많은 곳은 사람이 잘 살던 곳이제" 라고 하시던 옥이 할아버지 말씀이 기억나네요. 금세 무너져 내릴 것만 같은 오두막집을 감싸고도 남을 만큼 큰 감나무를 엄마 품 삼아 기대어 살던 산곡마을이 물씬 그리워지네요. 아침마다 장독대 근처에 떨어진 달디 단 감을 주워 먹는 맛은 먹어본 사람만이 아는 맛일 거예요. 껍질을 벗겨서 곶감을 만드는 것도 내게는 사치스럽게만 여겨져서 그저 항아리에 담아두었다가 손을 넣어 보아서 잘 말랑해진 감을 더듬어 꺼내 먹던 그 맛을 못 잊어서 떨감을 보면 삭혀서 먹으려고 해요. 집 안 현관 입구에 감을 담은 바구니와 그 곁에서 잘 말라가는 치자 열매는 보기만 해도 흐뭇해지네요.

그동안 바람과 햇살에 잘 말려진 나물거리들을 잘 손질해서 저장해 두는 것이 10월의 일감이지요. 끝물 채소를 말리는 것은 누가 가르쳐주지 않아도 농가 아낙네가 되는 순간 저절로 알고 하게 되는 가을 일감이에요. 여름내 수고롭게 잘 돌본 채소들을 다 먹어내기엔 언제나 풍성하게 남는 법이고 애써 가꾼 결실들을 거두어서 썩히기엔 아까우니 말려두려는 마음이 절로 일어요.
가을날의 가슬가슬한 바람결과 따끈한 햇살에는 무엇이든 잘 말라가요. 이렇게 잘 말려진 나물거리들은 잘 보관하는 게 큰일인데 제일 신경 쓰이는 게 습기 문제예요. 아무리 잘 말려두어도 조금이라도 습기가 닿는 순간 곰팡이가 생길 확률이 높아지는 거죠. 숨 쉬는 항아리는 습기도 들락거리는지라 말린 재료를 보관하기엔 적당치 않아요. 유리병이나 비닐봉지가 습기를 막아주기엔 좋아요. 양이 적을 땐 커피를 담았던 봉지도 요긴하게 쓰이고요. 잘 말려진 나물들은 습기가 닿지 않도록 주의를 기울이면 실온에서도 오랫동안 저장이 가능해요. 좀 덜 말랐다 싶을 때에는 냉동 보관이 편리하구요.

냉장고가 없던 옛날엔 겨우내 부족한 식량을 저장하려는 목적도 있었고, 부족한 영양을 보충하기 위한 방법으로 식품을 말려서 보관했기에 어느 집 아낙이 얼마나 부지런하고, 손끝 야무지고, 살림 잘하는지 갈무리하여 거둔 식품저장고를 보고 알 수 있었다고 해요. 요즘은 맛이나 건강 때문에라도 자연 건조한 식품을 귀하게 여기지요. 유기농 가게나 생협에 가면 말린 시래기를 살 수 있는데 자연 건조한 것을 보기가 쉽지 않더군요. 자연 건조한 나물은 색이 더 선명하고 향이 살아있거든요. 몇 년 전에 취재하러 울릉도에 간 적이 있는데 울릉도 나물은 해풍에 그대로 말리더군요. 그러니 울릉도 나물이 맛있을 수밖에 없어요. 미네랄이 듬뿍 든 바닷바람의 소금기를 먹고 말려진 나물 생각만 해도 온몸의 세포가 살아나는 것 같아요.

끝물 채소를 말리는 것은
누가 가르쳐주지 않아도 농가 아낙네가
되는 순간 저절로 알게 되는
가을 일감이에요.

# 햇곡식, 햇과일로 차린 가을밥상

우엉채고추튀김

고구마꽃물튀김

버섯호두잡채

연근토란조림

송이버섯오방밥

송이버섯미역국

'평화가 깃든 밥상' 멤버인 명순 선생이 토란을 캤다면서 깨끗이
씻어 다듬기까지 해서 한 바가지 건네주네요. 건강하고 맛있어
보이는 갈색의 싱싱한 토란을 가지고 무얼 만들어도 맛있겠지요.
게다가 대구 팔공산 자락에서 허브농사를 짓는 성화 선생이
산에서 캤다는 송이버섯까지 와 있으니 가을밥상이 풍요로울
수밖에요. 갑자기 '주여 지난여름은 참으로 위대했습니다. –
마지막 열매들을 살찌우도록–' 릴케의 가을날이 생각나네요.

뜨거운 햇살이 머물고 지나간 가을에는 먹을 게 지천입니다.
우엉, 연근, 토란 등의 뿌리채소들은 미네랄이 듬뿍 들어
있고 껍질에는 항산화물질도 많아요. 이런 음식 재료들은
섬유질이 많아서 몸 속 청소를 해주고 면역력을 높이는데
도움을 줘요. 햇밤, 녹두, 팥, 백미와 흑미를 섞어서 오방색의
기운이 듬뿍 든 향기로운 송이버섯오방밥에 버섯을 넣고
끓인 맑은 송이버섯미역국, 송이버섯과 호두를 넣고 버무린
맛깔스러운 잡채만 가지고도 특미 송이버섯 상차림이 되었어요.
송이버섯이나 능이버섯, 싸리버섯은 가을에만 구할 수 있는
귀한 버섯인지라 이들 버섯이 없을 때는 대신에 느타리버섯이나
표고버섯을 사용해도 충분히 입맛을 돋워 줍니다.

지난봄에 장독대와 개수대 근처에 마구 뿌려두었던 맨드라미가
탐스러운 꽃을 주렁주렁 달고 있네요. 정열적인 색깔의 붉은
맨드라미 꽃으로 가끔은 식탁을 장식하기도 하지만 꽃물을
우려내서 음식에 물들이기도 해요. 붉은색의 맨드라미물과
노란 치자물을 입혀 지져낸 고구마튀김은 구우면서 집어 먹느라
바빠요. 맨드라미 꽃을 잘게 다져서 옷을 입히니 더 색스럽네요.
치자 꽃 씨앗도 걸러 내지 않고 사용하면 색도 곱고 영양도
풍부해져요. 제철이라 연하디 연한 우엉을 곱게 채썰어서 고추와
함께 버무려서 노릇하게 튀겨 놓으면 간식으로도 좋아요.
갓 캔 토란과 연근에 집간장과 쌀조청을 넣고 조린
연근토란조림은 입에 넣으면 녹는 듯합니다.
튀김이라고는 해도 기름을 자작하게 부어서 지지듯이 굽는
이유는 기름이 너무 많이 배면 건강에도 좋지 않고 남은 기름을
버릴 수도 없고, 두고 먹으려니 이미 산패된 기름이라 먹을수록
해로울 게 뻔하니 되도록 익힌 기름의 섭취를 줄이고, 남겨진
기름 없이 조리하는 게 내 몸에도 좋고 지구 환경에도 도움이
됩니다.

## 우엉고추채튀김

···· 우엉 20cm 길이 2개, 풋고추·홍고추 1개씩, 메밀가루·통밀가루 1/2컵씩, 구운소금 1작은술, 현미유 1/2컵, 물 1컵

1 우엉은 5cm 길이로 가늘게 채썰어 찬물에 담갔다가 건지고, 고추는 우엉과 같은 길이로 가늘게 채썬다.
2 메밀가루, 통밀가루, 물, 소금을 섞어 튀김옷을 만든다.
3 채썬 우엉과 고추에 마른 통밀가루를 살짝 입힌 다음 튀김옷을 부어 섞는다.
4 달궈진 팬에 현미유를 두르고 튀김옷 입힌 우엉고추채를 한 숟가락씩 놓아 노릇하게 지진다.

## 고구마꽃물튀김

···· 고구마 중간크기 3개, 치자 열매 3개, 맨드라미 꽃 한 송이, 통밀가루 3/4컵, 메밀가루 1/2컵, 구운소금 1작은술, 현미유 1컵, 물 2컵

1 고구마는 껍질째 1cm 두께로 어슷하게 썰어서 찬물에 담갔다가 건진 후 통밀가루 1/2컵으로 옷을 입힌다.
2 물 1컵에는 치자 열매를 쪼개 넣고 남은 물에는 맨드라미 꽃을 잘게 찢어 넣어 우린다. 메밀가루와 통밀가루를 같은 양으로 섞어 치자물과 맨드라미물에 1컵씩 섞는다.
3 통밀가루 옷을 입힌 고구마에 치자물 반죽옷과 맨드라미물 반죽옷을 각각 입혀 현미유를 넉넉히 두른 팬에서 노릇하게 지진다.

### 연근토란조림

••• 통연근 작은 것 1개, 알토란 10개, 집간장·조청 5큰술씩, 물 3컵

1 통연근은 0.5cm 두께로 썰고, 알토란은 모양 그대로 준비한다.
2 냄비에 연근과 알토란을 넣고 물을 부어 익힌 다음 간장을 넣고 간이 배도록 끓인다.
3 간이 어느 정도 배면 조청을 넣고 중불에서 졸이다가 국물이 자작해지면 불을 더 낮추어 졸인다.

➕ 김이 날아가도록 뚜껑을 열어 놓고 국물을 끼얹어가면서 졸여야 윤기가 자르르 흐르고 깊은 맛이 나는 조림이 된다.

### 송이버섯오방밥

••• 송이버섯 2개, 햇밤 4개, 불린 녹두·팥 2큰술씩, 흑미 1큰술,
불린 백미 1과1/2컵, 물 2컵

1 송이버섯은 3~4가닥으로 찢는다. 밤은 겉껍질만 벗겨 모양대로 준비한다.
2 불린 녹두와 팥, 흑미, 불린 백미를 고루 섞어 밥솥에 안치고 버섯, 밤을 올린
후 물을 부어 밥을 짓는다.

### 송이버섯미역국

••• 송이버섯 2개, 마른미역 2줌 정도, 집간장 3큰술, 약초맛물 6컵

1 송이버섯은 가늘게 찢는다. 마른미역은 두어 시간 불린 다음 2~3번 찬물에
헹궈 잘게 썬다.
2 냄비에 송이버섯, 미역, 간장을 넣어 볶다가 미역이 나른해지면 약초맛물을
붓고 15분 정도 푹 끓인다.

✚ 버섯의 향을 살리기 위해 참기름을 넣지 않는다.

### 버섯호두잡채

●●● 당면 2줌, 송이버섯 4개, 목이버섯 6개, 호두 6알, 은행 12개,
집간장 2~3큰술, 조청 3큰술, 현미유 2큰술

1 당면은 미지근한 물에 한 시간 정도 불렸다가 끓는 물에 데쳐서 찬물에
헹군다.
2 송이버섯은 가늘게 찢고, 목이버섯은 사방 1.5cm 크기로 썬다. 호두는
2~3등분으로 쪼갠다.
3 달궈진 팬에 현미유를 두르고 송이버섯, 목이버섯, 당면, 은행 순으로 볶다가
간장과 조청으로 양념한 다음 호두를 넣고 살짝 볶아 마무리한다.

말린표고버섯장조림

가지고지무침

우엉고추조림

토란줄기들깨나물

호박고지찜

# 말 린  채 소 로  만 든  나 물 반 찬 과  조 림 반 찬

말린 나물요리는 먼저 양념이 고루 배도록 버무린 다음에 익혀야 맛이 잘 배요. 조림은 간장이 맛있으면 원당이나 조청을 조금만 넣어주어도 맛있는데 조림을 맛있게 하려면 화력을 잘 조절하고 마무리를 잘 해야 해요. 너무 빠른 속도로 졸이면 쫄깃한 조림 특유의 식감을 살릴 수가 없지요. 마지막에 조림국물이 너무 많지 않게 약간 남은 상태로 졸여서 내는데 조청은 마무리하기 직전에 넣어주는 게 색도 살고 맛도 있으니 기억해 두세요.

햇살에 잘 말려져서 쫄깃하게 씹히는
식감으로는 말린 나물만한 게 없어요.
말린 나물은 미지근한 물에 담가 씹히는
정도가 적당할 때 건져서 조리해요.

### 우엉고추조림

••• 우엉 20cm 길이 2개, 홍고추 1개, 현미유 2큰술, 집간장·원당 3큰술씩, 조청 1큰술, 물 1/2컵

1 우엉과 홍고추는 5cm 길이로 가늘게 채썬다.
2 달궈진 팬에 현미유를 두르고 채썬 우엉과 고추 순으로 볶다가 간장과 원당, 물을 넣고 중불에서
서서히 졸인다.
3 국물이 자작할 때까지 양념을 끼얹어가며 서서히 졸이고 마지막에 조청을 넣어 섞는다.

### 호박고지찜

••• 호박고지 2줌, 집간장 2∼3큰술, 생들기름 1큰술, 물 1/2컵

1 호박고지는 따뜻한 물에 20분 정도 불린 다음 찬물로 두어 번 헹궈 물기를 살짝 짠다.

2 불린 호박에 간장과 생들기름을 넣어 조물조물 무친 다음 물을 부어 중불에서 간이 배도록 익힌다.

✚ 물기가 많은 호박고지나 가지고지는 미지근한 물에 20∼30분 정도만 불려도 적당하다.


### 토란줄기들깨나물

••• 말린 토란줄기 2줌, 집간장 2∼3큰술, 생들깨가루 2큰술, 물 1/2컵

1 말린 토란줄기는 따뜻한 물에 20분 정도 불려 끓는 물에 살짝 데친다. 데친 토란줄기는 찬물에 헹궈 물기를 짜고 5cm 정도 길이로 썬다.

2 토란줄기에 간장과 생들깨가루를 넣고 무친다. 양념한 토란줄기를 냄비에 넣고 물을 부어 뚜껑을 덮어 중불에서 익힌다.

✚ 토란줄기는 섬유질이 많아서 하룻밤 정도 불려야 할 때도 있다. 중간에 씹어보아 적당한 식감이 날 때 건져서 조리한다.

## 가지고지무침

••• 가지고지 2줌, 집간장 2~3큰술, 참기름 1/2큰술, 깨소금 1큰술

1 가지고지는 따뜻한 물에 20분 정도 불려 끓는 물에 살짝 데친 다음 찬물에
헹궈 물기를 짠다.
2 데친 가지에 간장, 참기름, 깨소금을 넣어 잘 버무린다.

## 말린표고버섯장조림

••• 말린 표고버섯 7~8개, 집간장 3큰술, 원당 2큰술, 조청 2큰술, 물 2컵

1 꾸덕하게 말린 표고버섯에 물을 붓고 10분 정도 끓인다.
2 끓는 표고버섯에 간장, 원당을 넣은 다음 센 불에서 끓이다가 중불로 낮추어
국물을 끼얹어가며 서서히 졸인다.
3 국물이 자작해지면 조청을 넣고 한소끔 끓여 완성한다.

✛ 모양대로 완전히 말린 표고버섯은 하룻밤 불린 다음 편으로 2~3등분하여 사용한다.
불린 물 그대로 사용하여 끓이면 더 깊은 맛을 낼 수 있다.

햇과일샐러드

석류드레싱

홍시드레싱

귤드레싱

배드레싱

포도드레싱

밤, 대추, 사과, 배, 감 먹을 게 지천이네요
햇과일 샐러드와 드레싱

가을의 풍요는 열매에 매달려 있는 것 같아요. 붉은 보석같은 알이 벌어진 틈새로 먹음직스럽게 보이는 석류를 지난여름 허브요리 촬영을 했던 '허브 위'에서 보내왔네요. 먹기가 아까워서 두고 보고만 있다가 오늘은 이 과일을 모아서 샐러드드레싱을 만들어 봅니다.

양분과 햇살, 바람과 비가 충분하였는지 과일들이 각각 제 맛과 향기를 지니고 있네요. 이렇게 맛있는 과일은 믹서에 갈아서 그대로 샐러드 위에 끼얹어주어도 최상급의 드레싱이 되는군요. 재료가 좋을수록 양념이 거추장스러워진다는 걸 새삼 느끼게 됩니다. 아무런 양념이 필요 없는 색과 향이 좋은 열매처럼 아무 채색 없이도 잘 살 수 있는 편안한 사람이 될 수 있다면 좋겠어요.

## 햇과일샐러드와 과일드레싱 다섯 가지

••• 밤 5개, 대추 4~5개, 단감 1개, 어린잎채소 3~4줌,
호두 5~6알, 석류 4~5큰술
**과일드레싱〉** 포도 1/2송이, 귤 3개, 홍시 1개, 배 1/3개,
석류 1/2컵, 구운소금 1큰술, 오미자발효액 2큰술

1 밤은 겉껍질을 벗기고 얇게 썬다. 대추는 0.2~0.3cm 두께로
썰고, 단감은 0.5cm 두께로 썬다. 어린잎채소는 깨끗이 씻어서
체에 밭쳐두고, 호두는 2~3등분한다. 석류는 껍질을 벗겨
알맹이만 따로 준비한다.
2 포도, 귤, 배, 석류는 각각 믹서에 간 다음 소금을 조금 넣는다.
홍시는 믹서에 간 다음 오미자발효액과 소금을 조금 넣는다.
3 준비한 과일과 채소를 접시에 가지런히 놓고 과일드레싱을
곁들인다.

✚ 과일드레싱을 만들 때 유기농 과일로 준비한다. 포도와 배는 껍질째
갈고 귤껍질은 잘게 다져 드레싱에 섞으면 좋다. 충분히 익은 과일로
드레싱을 만들면 다른 양념을 하지 않아도 풍부한 과일드레싱 맛을 즐길
수 있다.

# 나무판과 옷감에 글쓰기

시간과 시간 사이에 여백이 생길 때가 있어요.

주로 비가 내리거나 눈이 내려 갑자기 고요함과 적막이 스며들 때는
뭔가 움직이고 있던 일이 멈추어지지요. 이렇게 일기에 따라서 행동이
달라지기도 하지만, 하던 일이 끝나거나 중단이 되고 그 다음 일로
넘어가기에는 뭔가 준비가 안 된 느낌이 들 때가 있어요.

이런 경우에 나는 바느질감을 들거나 붓을 들어 글을 써요. 목적 없이 그저
마음을 가라앉히는 수단으로써의 행위인지라 편안하고 조용한 휴식이 되지요.

글을 쓰기 위하여 직접 간 먹물을 준비할 때도 있는데 이때는 벼루에서
먹이 갈리는 소리와 먹을 갈 때 손의 움직임, 그리고 그때 번지는 먹 향을
즐기기 때문이에요.

글의 내용은 주로 신이 주는 신성한 가르침 같은 거지요.

예전엔 복음서를 통째로 사경을 하거나 미레르빠 성자의 노래 중 하나를
쓰기도 했어요. 때로는 도덕경의 한 부분을 옮겨 적을 때도 있고요.

글을 쓰는 소재는 화선지와 나무판일 때도 있지만 광목이나
무명 그리고 삼베나 모시 같은 옷감을 주로 사용해요.
이러한 옷감들은 손질된 상태로 늘 내 곁에 있기 때문이기도
하지만 옷감이 주는 질감이 편안하기 때문이기도 해요.

이렇게 시간과 생각을 정리하기 위해 쓰는 글귀들을 누군가가 달라고 하면
잘 주기도 하는데 그들의 부엌이나 거실에 소중하게 걸려 있는 걸 볼 땐
왠지 내게도 그 글의 내용들이 새삼스레 와 닿는 것 같아요.

살림음식으로
차린
11월 밥상

내 몸 살리는 열한 번째 이야기

# 살얼음 낀 대지에서 마지막 수확을 하다

## 빈 들녘에 남은 배추, 무, 갓을 거두며

누렇게 머리 숙이던 벼 이삭도 베어지고, 멋진 수염을 늘어뜨리던 잡곡들도 거두어진 빈 들녘에 하얀 서리를
머리에 인 퍼런 배추와 무, 갓이 마지막 수확을 기다리며 아직은 밭과 들의 생산력을 과시하려는 기세로 남아
있어요. 자식들 퍼 먹이느라 축 늘어져 주름진, 늙은 어미 젖가슴같이 말라가는 대지를 디디면서 다시 생성되고
피어날 봄을 벌써 기대해요.
촉촉하고 폭신한 품이 아니라 영양을 다 빼내 먹어 푸실푸실해진 대지를 되살리려면 자연농법과 순환농법,
유기농법만이 대안인데 먹여 살릴 자식새끼가 너무 많아 쉴 사이 없이 수확을 해야 하는 어머니 젖가슴은
화학물질로 쪼그라들어 있어서 걱정이 됩니다. 그래도 미루마을은 집집마다 작은 텃밭에 보슬보슬한 퇴비와
부엽토를 폭신하도록 뿌린 터라 해를 거듭할수록 기름진 땅이 될 거라고 기대해 봅니다. 내년 봄이 돌아오면
'뭐도 심고 뭐도 심고…' 벌써부터 내년 농사가 기다려지네요.

11월은 밭에 남은 배추, 무, 갓, 생강을 거두어서 봄이 올 때까지 먹을 김장 준비에 마음이 바쁘기도 하고 설레기도 해요.
"날씨가 더 추워지기 전에 김장을 담가야 할 텐데…"
젊은이보다 어르신이 많은 농촌에서는 김장 준비가 더 이른 것 같아요. 11월 중순 경에 이미 집집마다 김장을 끝냈다고 하는데 부산에 살 때는 크리스마스 가까이 되어서야 김장을 담그던 습관이 남아서 남들 다 김장을 끝낸 11월 끝자락 아주 추운 날 김장을 하느라 고생 좀 했지요.
이맘때면 마당에 큰 솥을 걸어 놓고 콩을 삶아 메주를 쑤어서 추녀 밑에 매달아 띄우는 풍경도 아주 오래전에 보았지만 미루마을에서는 어르신이 계신 집들은 메주 쑤기까지 끝낸 듯싶네요. 우리 집은 식구는 적지만 살림음식 공부하는 연구생들과 수강생, 간간이 방문하는 손님들, 그리고 가까운 친지들과 나누어 먹을 장까지 담그려면 제법 많은 장을 담가야 되기에 해마다 그렇듯이 거창의 옹기뜸 골에 우리 집 몫의 메주까지 부탁을 해두었어요.

김치 냉장고도 생겨서 시도 때도 없이 배추 사다가 김치를 담글 수 있는 편리한 세상이 되긴 했지만 아무래도 제철에 넉넉히 담가서 푹 익혀 먹는 겨울김치 맛은 포기할 수 없는 게 우리나라 사람들의 식성인 거지요. 무나 배추를 손질하고 나온 시래기를 끓는 물에 살짝 데쳐서 햇볕에 잘 말려두었다가 시래기된장국을 끓이면 깊고 구수한 맛이 온몸을 따뜻하게 해주는 힐링 음식이 되지요. 햇볕에 말린 푸른 잎채소는 칼슘과 비타민D의 공급원이 됩니다.

11월은 봄이 올 때까지
먹을 김장 준비에
마음이 바쁜 달입니다.
김장하고 남은
시래기는 끓는 물에
살짝 데쳐서 햇볕에
잘 말려둡니다.

# 김장하는 날

두 채 윗집 윤이네와 두 채 아랫집 예슬이 할머니 댁에서 각각 배추와 무, 갓을 얻고 조금 모자란 듯하여 괴산
한살림에서 미리 주문해둔 배추 스무 포기와 동치미 무 스무여 개, 외사리 이웃농부가 가꾸어서 손수 말려
깨끗하게 빻아준 고춧가루, 이렇게 대충 김장거리를 장만했어요. 오늘 아침엔 외바퀴 수레를 끌고 윤이네 밭에
가서 배추와 무를 뽑아 오니 발걸음이 신나네요. 방금 밭에서 뽑은 싱싱한 배추나 무로 김치를 담그면 맛이 확실히
다르거든요. 김치가 맛있으려면 첫째가 배추와 무 맛이고 둘째가 소금 맛이며, 셋째가 고춧가루
품질이고 넷째가 젓국 맛인데 우리 집은 생선단백질을 발효시킨 젓국 대신에 콩단백질을
발효시킨 간장으로 김치의 깊은 맛을 냅니다. 깊게 숙성되어 달달해진 간장 맛이 고춧가루와 잘
섞여지면서 발효를 도와 김치를 감칠맛 나게 해주니, 신선하고 깨끗한 김치 맛이 발효샐러드를 먹는 것 같아요.

젓갈과 파, 마늘을 쓰지 않고 대신 갓과 생강으로 양념하여 냄새가 전혀
나지 않기 때문에 외국 사람들도 즐겨 먹어요.

우리 집의 특별한 김치양념 중 또 다른 하나는 약초맛물을
끓인 물에 현미찹쌀과 잡곡을 섞어서 빻은 오곡가루를
넣고 풀을 쑨다는 거예요. 은은한 약초 향과 달착지근하고 구수한
오곡가루의 풍미가 김치 속에 깊이 배면서 아미노산이 발효되면 톡 쏘는
젖산과 초산 등의 유산균 맛이 구미를 더욱 당기게 해요. 김치의 맛을
좌우하는 것 중에 또 하나의 주요한 포인트는 배추를 절이는
염도와 시간, 배추 절일 때 사용하는 소금의 품질인데
소금은 천일염으로 간수가 잘 빠진 보송보송한 소금이
좋아요. 우리 집에선 몇 년 동안 먹고도 남을 만큼의 천일염을 미리미리
준비해두고 충분히 간수를 빼서 김치도 담고 장 담글 때도 써요.

이렇게 김장재료 준비가 착실하게 되었으니 "자아~ 이제 배추 절이러
가자." 서른 살이 훌쩍 넘도록 손수 김치를 담가본 적이 없는 경린, 소연
두 연구생은 이 얼어붙는 추운 저녁에 저 많은 배추를 절이려니
'얼마나 추울까? 시간이 얼마나 많이 걸릴까?' 지레 겁먹은 표정이네요.
'지들 보기엔 산더미같이 포개진 김치거리가 두려움을 자아낼 만도 하네'
싶으면서도 옷을 두둑하게 입고 빨간 고무장갑을 낀 손으로 종종걸음을
치며 소꿉장난하듯이 배추를 쪼개는 두 처자의 몸짓이 어설프기만 해서
웃음이 나와요. 커다란 고무 물통에 물을 반쯤 받아서 굵은 천일염을
적당히 넣어서 휘휘 저은 후에 배추를 숭덩숭덩 집어넣으니 순식간에
배추절임이 끝나버렸어요. 너무나 싱겁게 끝나버린 일이라 두 아가씨가
멍해져서 씨익~ 웃습니다.

우리 집은 젓갈과 파,
마늘을 쓰지 않고
갓과 생강으로 양념하여
냄새가 나지 않아요.

231

두부조림

고구마양송이버섯볶음

모둠버섯배추볶음

콜라비고추장조림

두부추어탕

초겨울, 몸을 따뜻하게 데워주는 영양밥상

자고 나면 색과 빛과 모양이 달라보이던 산야가 이제는 모든
것을 안으로 집어넣고 기다림의 시간을 보내기로 작정한 듯이
움츠려 있네요. 도시에서는 날씨가 추워져도 일상의 큰 변화가
없었지만 농촌에서는 자연 산천의 리듬에 맞추어 모든 일의 속도가
느릿해지는 것 같아요. 할 일이 없어진 듯하여 괜시리 어슬렁거릴
때도 있고요. 수축과 팽창, 긴장과 이완, 빠름과 느림, 뜨거움과
차가움이 오고 가는 게 생명의 건강함이 주는 사이클이지요.
얼마 전만 해도 '더워, 더워'하다가 이젠 '아이, 추워'라면서
움츠리고 있으니까요. 그래도 몸과 마음이 활기차게 움직이니
'그래도 내가 건강하구나' 싶어요.

아무래도 움츠려들 땐 몸을 따뜻하게 해주는 뜨거운 국물 음식이
먹고 싶어져요. 가을이 깊어질수록 먹어도 먹어도 질리지 않는
뜨끈한 국, 미꾸라지 한 마리도 안 보이지만 진한 미꾸라지국 맛을
그대로 느끼게 해주는 **두부추어탕**은 가을과 겨울을 나기엔 딱
좋은 국이랍니다. 미꾸라지추어탕처럼 고사리, 숙주, 배춧잎이
들어간 것도 같고 양념으로 다진 방아잎이나 깻잎, 청양고추,
들깨, 산초가루를 얹은 것도 같은데 미꾸라지 대신에 으깬 두부와
느타리버섯이 들어가는 게 다른 점이죠. 더구나 국을 끓이는 물이
약초 우린 물이니 두부추어탕 국물 한 숟가락 삼키면서 벌써
등줄기가 뜨뜻해지는 느낌이 들어요. 우리나라에는 몸을 따뜻하게
덥혀 주는 국물 음식이 많아서 겨울나기에 도움을 줍니다.

늦은 가을부터는 제철채소가 귀해지기 시작하지요. 두부는
늘 있는 재료고 고구마도 가을, 겨울에 쉽게 구할 수 있으니
**두부조림**이나 **고구마를 이용한 요리**들을 손쉽게 장만할 수
있어요. 양배추와 순무를 교배한 콜라비나 비트가 가을에 흔한
재료인데 미네랄과 철분이 많이 들어 있어서 초겨울밥상에
올리기 좋은 재료예요.

## *두부추어탕 끓이기

1 고사리를 불려 7cm 길이로 자른다.
2 두부를 으깬다.
3 느타리버섯을 가늘게 찢는다.
4 모든 재료에 오곡가루, 생들깨가루를 섞어 끓인다.

두부는 늘 있는 재료고 고구마도
가을, 겨울에 쉽게 구할 수 있지요.
이맘때 흔한 버섯이나 비트, 양배추로
음식을 만들어 초겨울밥상에
올려보세요.

### 고구마양송이버섯볶음

••• 고구마 중간크기 1개, 양송이버섯 10개, 다진 비트 2큰술, 생들기름 2큰술,
구운소금 1/2큰술, 통후춧가루 1/2작은술

1 고구마는 0.2~0.3cm 두께로 동글썰기 한다. 양송이버섯 작은 것은
두 조각으로 썰고 큰 것은 네 조각으로 썬다.
2 달궈진 팬에 기름을 두르지 않고 고구마와 양송이버섯을 고루 편 다음 뚜껑을
덮고 중불에서 5분 정도 굽다가 다진 비트를 넣고 뚜껑을 덮어 한 번 더 굽는다.
3 구운 고구마와 버섯을 생들기름과 소금으로 양념하여 살짝 볶은 후
통후춧가루를 뿌린다.

✛ 비트에는 항산화물질과 철분이 많이 들어 있어 채식의 영양가를 높여준다.

### 두부조림

••• 두부 1모, 다진 청양고추 1/2큰술, 감자전분 3큰술, 집간장 2와1/2큰술,
원당 수북이 1큰술, 현미식초 1작은술, 통깨 2작은술, 현미유 적당량, 물 1/2컵

1 두부는 1cm 정도 두께로 도톰하게 썰어서 감자전분을 묻힌 다음 달궈진 팬에
현미유를 두르고 노릇하게 굽는다.
2 바닥이 깊은 팬에 간장, 원당, 식초, 물을 넣고 고루 섞어 잠시 조리다가 구운
두부를 넣고 중불에서 양념을 끼얹어가며 조린다. 윤기가 나기 시작하면 다진
고추와 통깨를 뿌린다.

✚ 간장조림을 할 때 식초를 조금 넣으면 간장의 잡맛이 없어지고 깨끗한 맛을 낸다.

### 두부추어탕

●●● 말린 고사리 2줌, 배춧잎 6장, 숙주 2줌, 느타리버섯 2줌, 두부 1모,
깻잎 10장, 청양고추 3개, 홍고추 2개, 오곡가루 1컵, 생들깨가루 1컵,
산초가루 4큰술, 집간장 1/2컵, 약초맛물 3.5ℓ

1 말린 고사리는 물에 1~2시간 불렸다가 불린 물 그대로 데친 후 7cm 길이로
썬다. 배춧잎은 데쳐서 7cm 길이로 썰어 찢어놓고, 숙주는 살짝 데친다.
2 느타리버섯은 가늘게 찢고, 두부는 칼등으로 곱게 으깬다.
3 깻잎은 1cm 길이로 곱게 채썰고, 청양고추와 홍고추는 다진다.
4 고사리, 배춧잎, 숙주, 버섯, 두부에 오곡가루, 생들깨가루 2/3컵, 간장을 넣어
무친 다음 약초맛물을 붓고 센 불에서 끓이다가 끓기 시작하면 중불에서 20분
정도 푹 끓인다.
5 상에 낼 때 채썬 깻잎과 다진 고추, 산초가루, 생들깨가루를 곁들인다.

### 모둠버섯배추볶음

●●● 생표고버섯 8개, 목이버섯 3~4개, 황금송이버섯 1컵, 배춧잎 중간크기
3~4장, 집간장 3큰술, 생들깨가루 수북이 3큰술, 현미유 2큰술, 물 1컵

1 생표고버섯은 편으로 썰고 목이버섯은 생표고버섯보다 작게 정방형으로
썬다. 황금송이버섯과 배춧잎은 5~6cm 길이로 썬다.
2 달궈진 팬에 기름을 두르지 않고 생표고버섯을 먼저 굽는다.
3 생표고버섯이 노릇하게 구워지면 현미유를 두르고 배춧잎, 목이버섯,
황금송이버섯 순으로 넣고 볶다가 간장, 생들깨가루, 물을 넣어서 양념한다.

### 콜라비고추장조림

••• 콜라비 1개, 집간장 2큰술, 고추장 수북이 1큰술, 원당 1큰술, 현미유 2큰술,
약초맛물 3컵

1 콜라비는 부채꼴 모양으로 큼직하게 8~10등분한다.

2 냄비에 콜라비를 넣고 약초맛물을 부어 끓이다가 콜라비가 익으면 준비한
양념을 넣어 중불에서 양념을 끼얹어가며 자작하게 조린다.

✚ 콜라비는 순무와 양배추를 교배한 것으로 섬유질과 미네랄이 풍부하며 단단하면서도
달착한 맛이 좋다.

도라지고구마조림

무나물

연근브로콜리볶음

무나물

우엉고추장조림

우엉간장조림

무연근밥

# 맛, 영양 듬뿍한 뿌리채소로 차린 밥상

봄에는 새싹과 잎, 여름에는 잎과 열매를 주로 먹지만 늦은 가을부터 겨울까지는 뿌리채소를 많이 먹게 되지요.
식물의 생명을 받쳐주는 뿌리에는 식이섬유와 비타민, 칼슘, 칼륨 등의 미네랄이 가득 들어 있는 훌륭한
먹을거리예요. 뿌리채소에는 유해산소, 활성산소의 활동을 막아주는 항산화물질과 섬유질이 많아서 우리 몸을
맑고 깨끗하게 청소하고 질병을 예방하는데 큰 도움을 줍니다. 저장하기도 쉬운 뿌리식품은 겨울나기에 아주 좋은
식품임에 틀림없어요. 무, 연근, 당근, 도라지, 고구마, 우엉은 조림, 볶음 반찬으로 애용하지만 밥을 지을 때 함께
넣으면 한 그릇의 밥만으로도 영양가 있는 밥상을 쉽게 차릴 수 있어요.

## 무연근밥

••• 불린 오분도미 2컵, 무 작은 것 1/4개, 연근 작은 것 1/3개, 당근 1/4개, 물 2컵

1 무와 연근은 0.2~0.3cm 두께로 반달썰기 하고 당근은 무나 연근과 같은
두께로 동글썰기 한다.
2 냄비나 솥에 불린 오분도미를 넣고 무, 연근, 당근을 올린 후 물을 부어 밥을
짓는다.

## 무나물 세 가지

●●● 무 1개

**소금양념}** 구운소금 1/2큰술, 참기름 2작은술, 통깨 1작은술, 물 1/3컵

**간장양념}** 집간장 2큰술, 현미유 1큰술, 통후춧가루 조금

**풋고추양념}** 다진 풋고추 2작은술, 현미식초 3큰술, 원당 2큰술,
구운소금 1/2큰술

1 무는 3등분을 하여 곱게 채썬다.
2 무채 1/3은 냄비에 담아 물과 소금을 넣고 익힌 후 참기름과 통깨를 뿌려
버무린다.
3 무채 1/3은 간장에 10분 정도 절인 후 간장양념을 짜낸 다음 달궈진 팬에
현미유를 두르고 재빨리 볶아서 통후춧가루를 뿌린다.
4 남은 무채는 다진 풋고추, 식초, 원당, 소금을 넣고 생채로 무친다.

## 도라지고구마조림

●●● 도라지 10개, 고구마 중간크기 3개, 집간장·원당·조청 1/3컵씩, 물 4컵

1 도라지는 껍질째 6~7cm 길이로 썰고 고구마는 큼직하게 썬다.
2 냄비에 도라지, 고구마를 넣고 물을 부어 익을 때까지 끓인 다음 간장과
원당을 넣고 중불에서 양념을 끼얹어가며 서서히 조린다.
3 간이 배고 양념장이 거의 졸았을 때 조청을 넣고 한소끔 더 끓인다.

✚ 조림을 할 때 수중기가 떨어져 물컹해지지 않도록 뚜껑을 열어 놓고 국물을 끼얹어가며
졸인다. 조림이 거의 완성되었을 때 조청을 넣고 마무리하면 식어도 윤기를 유지할 수 있다.

### 연근브로콜리볶음

••• 연근 작은 것 1개, 브로콜리 1/2개, 당근 1/3개, 구운소금 1/2큰술, 현미유 2큰술, 강황가루·고춧가루 1작은술씩

1 연근은 0.3~0.4cm 두께로 어슷하게 썰고, 브로콜리는 연근과 비슷한 크기로 쪼갠다. 당근은 얇게 동글썰기 한다.
2 끓는 물에 준비한 재료를 살짝 데쳐서 찬물에 헹군다.
3 달궈진 팬에 현미유를 두르고 데친 채소들을 볶다가 소금으로 간하고 강황가루, 고춧가루를 뿌린다.

✚ 브로콜리나 연근은 미네랄이 많은 채소로 살짝 데쳐서 요리하면 소화흡수가 잘 된다.

### 우엉간장조림과 우엉고추장조림

••• 우엉 20cm 길이 6개, 현미유 4큰술, 조청 수북이 2큰술
**간장양념}** 집간장 3큰술, 원당 1큰술, 물 1컵
**고추장양념}** 고추장 2큰술, 집간장·원당 1큰술씩, 물 1컵

1 우엉을 5~6cm 길이로 가늘게 채썬 후 달궈진 팬에 현미유를 두르고 살짝 볶는다.
2 볶은 우엉채 반은 간장양념을, 나머지 우엉채는 고추장양념을 넣고 졸인다.
3 조림이 꼬들해지고 윤기가 나면 조청을 각각 1큰술씩 넣고 한소끔 끓여 마무리한다.

묵은지김치찜

콩물국밥

김장하는 날 잔치음식

메밀수제비
호두보쌈과 콩물국밥

김장 버무리는 곁에 웅크리고 앉아 제비 같은 입을 벌리고 "호~ 호~"하며 김장 속을 받아먹던 어린 딸아이가 이제
키가 커다란 아가씨가 되어도 즉석에서 버무린 김장 김치 맛을 잊지 못하네요. 돼지고기 수육과 함께 먹던 보쌈
맛을 나도 잊을 수 없어요. "아~ 그래! 돼지고기 대신에 쫄깃한 수제비를 넣고… 흠, 흠, 호두알을 하나 얹어서
보쌈을 해 먹으면 맛있을 거 같은데?" 그래서 메밀수제비를 삶아 건져 호두알과 함께 보쌈을 만들어 먹었더니
'그 맛이란?' 거의 최고 수준이네요. 백태를 흠씬 불려서 믹서에 갈아서 배춧잎을 넣고 끓인 구수하고 따끈한
콩물국밥은 김장하는 날 먹기에 딱 좋은 식사예요. 늘 '이래야만 해'라는 선입견과 고정관념을 깨고 나오는 순간
창조적인 새로운 맛을 얻게 되더라고요.

### 묵은지김치찜

••• 묵은지 한 보시기, 고추장 2큰술, 원당 1큰술,
현미유 1큰술, 물 1컵

1 묵은지는 2~3등분으로 큼직하게 썰고, 고추장, 원당,
현미유, 물은 고루 섞어둔다.
2 냄비에 묵은지와 양념을 넣고 중불에서 20분 정도 푹 찐다.

### 콩물국밥

••• 밥 4그릇, 불린 백태 1컵, 배춧잎 4~5장, 생표고버섯 6개,
생콩가루 수북이 2큰술, 구운소금 1과1/2큰술, 약초맛물 8컵

1 하룻밤 불린 백태에 약초맛물 2컵을 넣어서 믹서기에 갈고,
배춧잎은 5cm 길이로 썬다. 생표고버섯도 같은 길이로 얇게
썬다.
2 배춧잎과 생표고버섯에 생콩가루를 넣고 버무린다.
3 냄비에 콩가루에 버무린 배춧잎과 생표고버섯, 약초맛물
2컵을 넣고 뚜껑을 덮어 중불에서 끓인다.
4 국물이 한소끔 끓으면 나머지 약초맛물과 갈아둔 콩,
소금을 넣고 중불에서 서서히 익힌다. 1인분씩 담은 밥에
국물을 부어낸다.

✚ 갈아둔 콩을 센 불에서 끓이면 쉽게 넘치고 서로 흩어져 부드러운
맛이 덜하므로 주의한다.

### 메밀수제비호두보쌈

••• 메밀가루·통밀가루 1컵씩, 생표고버섯 10개, 호두 12~15알,
절인 속배추 1/2포기, 김장 양념소 2컵, 구운소금 2작은술, 물 2/3컵

1 메밀가루와 통밀가루에 소금, 물을 넣어 반죽을 한 다음 수분이
마르지 않도록 비닐로 덮어 30분 정도 냉장고에 둔다.
2 생표고버섯은 2~3등분으로 저며 썰고 호두는 껍질을 벗겨서
준비한다.
3 냉장 보관해둔 반죽을 얇게 떼어내어 끓는 물에 삶아 찬물에 헹구고,
생표고버섯도 끓는 물에 데쳐 건져둔다.
4 속배추에 수제비, 생표고버섯, 김장 양념소, 호두를 얹어 먹는다.

✚ 수제비 반죽은 많이 치댈수록 쫄깃하다. 생협에서 판매하는 우리밀
감자수제비를 이용해도 좋다.

메밀수제비호두보쌈

# 마을부녀회 김장하는 날

미루마을에서는 올해가 두 번째 맞는 김장 행사입니다. 청년회와 부녀회 그리고 마을임원들이 자주 모여서 함께 잘 살아나갈 의논도 하고 크고 작은 잔치도 벌이곤 해요. '사람 사는 맛이 난다' '사람 냄새 난다'는 말이 이런 이웃살이에서 나온 말일 거예요.

작년엔 마을의 커뮤니티 센터가 완공되면 쓰임새가 많을 것 같아 온 마을의 부녀회원들이 모여서 장김치와 배추김치를 넉넉하게 여러 항아리 담갔어요. 그때 담근 김치는 이래저래 소진되었지만 마을의 커뮤니티 센터는 아직도 준공되지 못한 상태라 올해는 집집마다 품앗이로 좀 넉넉하게 김치를 담그기로 했습니다.

몇몇 집은 평소처럼 가문의 비법을 담은 김치들을 담갔지만 몇몇 집은 '평화가 깃든 밥상'의 살림음식 레시피에 따라 김치를 담그기로 했다네요. 머릿수건을 쓴 부녀회장과 숲속 어린이도서관 관장, 그리고 이 집 안주인 향남씨가 밭에서 갓 뽑아 슬쩍 절인 싱싱한 배추에 약초맛물과 오곡가루로 맛을 낸 김치 양념소를 슥슥 버무려서 맛보라고 건네요. "아우, 우리 집 김치보다 더 맛있잖아!" 와르르 웃지만 진짜 맛있게 잘 만들었네요.

작년부터 일주일에 한 번씩 요즘 들어서는 한 달에 한 번씩 마을부녀회와 함께 하는 살림음식 요리강좌 모임이 있어 왔어요. 농촌살이에 뜻을 두고 탈도시할 만큼 힘이 있어 그런지 다들 살림솜씨가 맵고 야무집니다. 음식 준비할 때와 마무리할 때의 손길을 보면 손끝이 얼마나 매운지 금방 알 수 있거든요. 이젠 "소라도 잡겠다"고들 하니 미루마을은 물론이고 이웃마을과 괴산 전체에 좋은 영향을 줄 수 있는 내공이 많이 쌓일 거라고 기대해 봅니다.

자연의 맛으로 버무린 김장 김치

## 통배추김치

●●● 배추 20포기, 무 3개, 노랑·주황 파프리카 5개씩, 홍갓 1kg, 배 7~8개, 콜라비 5~6개, 굵은 천일염 35컵
**양념)** 약초맛물 5.4ℓ, 오곡가루 2kg, 고춧가루 1.2kg, 집간장 5컵, 산야초발효액 1과2/3컵, 다진 생강 5큰술,
들뫼가루(약초가루) 6큰술

1 배추를 반으로 쪼개 물에 담갔다가 건져서 굵은 천일염을 배추줄기 속 켜켜이 잘 뿌려 절인다. 1시간마다 뒤적여 주어
6시간 정도 고루 절여지면 씻어 건져 소쿠리에 밭쳐 물기를 뺀다(배추가 잠길 정도의 소금물에 배추를 절여도 됨).

2 무는 7~8cm 길이로 채썰고 파프리카는 반으로 잘라서 곱게 채썬다. 갓은 3cm 길이로 썰고, 배와 콜라비는 껍질째
반으로 쪼갠다.

3 약초맛물을 끓여 오곡가루를 풀어 넣고 되직하게 풀을 쑤어서 온기가 남아 있을 때 고춧가루, 간장, 산야초발효액, 다진
생강, 들뫼가루를 넣고 잘 섞는다.

4 양념을 1.5ℓ 정도 떠서 손질한 무, 파프리카, 갓에 넣고 버무려 양념소를 준비한다.

5 씻어 건져둔 배추에 남은 양념을 가볍게 묻힌 다음 만들어 둔 양념소를 배춧잎 사이사이에 넣고 겉잎으로 잘 감싼다.

6 배추김치를 항아리에 담을 때 중간 중간에 반으로 쪼갠 배와 콜라비를 넣는다.

✚ 배추 절이는 시간은 보통 6시간에서 8시간이 적당한데, 금세 먹을 김치는 약간 덜 절여진 것이 아삭하고 시원한 맛이 나며 저장성을 높이려면 좀 더 숨이 죽은 배추가 좋다. 절여진 배추를 꺾어보아 배추줄기가 부드럽게 휘다가 꺾어지면 보쌈김치나 백김치, 장김치용으로 좋고, 꺾어지지 않으면 김장 김치용으로 좋다.
✚✚ 오곡가루 풀을 쑤어서 잠시 식히는데 너무 식으면 양념이 고루 섞이지 않고 고춧가루가 겉돌므로 약간 따뜻한 기가 남아있을 때 고춧가루와 기타 양념을 넣어서 섞어주는 게 좋다.
✚✚✚ 들뫼가루란 구기자, 오가피, 황정, 황기, 녹차, 감초, 박하 등을 배합한 약초가루인데, 항균력이 많아 김치의 저장성을 높여준다.

## 알타리무김치

••• 알타리무 2단, 청갓이나 홍갓 500g 정도, 굵은 천일염 1큰술
**양념}** 약초맛물 6컵, 오곡가루 4컵, 고춧가루 1컵, 진간장 2/3컵,
산야초발효액 1/3컵, 들뫼가루 1큰술, 다진 생강 1큰술, 원당 2/3컵,
구운소금 1/2컵

1 알타리무는 1.5cm 굵기로 동글썰기 하고, 줄기는 3~4cm 길이로
썬 다음 굵은 천일염을 고루 뿌려 1시간 정도 절인다.
2 갓은 3~4cm 길이로 썬다.
3 약초맛물을 끓여 오곡가루를 풀어 넣고 되직하게 풀을 쑤어서
따뜻할 때 고춧가루와 간장, 산야초발효액, 들뫼가루, 다진 생강, 원당,
소금을 넣고 잘 섞어둔다.
4 소금에 절인 무와 줄기를 소쿠리에 밭쳐서 물기를 뺀 다음 갓과
함께 준비한 양념으로 버무려 항아리에 담는다.

### 갓김치

••• 갓 2단, 콜라비 3개, 굵은 천일염 1컵
**양념)** 약초맛물 6컵, 오곡가루 4컵, 고춧가루2컵, 집간장 2/ 3컵,
산야초발효액 1/3컵, 다진 생강 1큰술, 들뫼가루 2큰술

1 갓을 소금에 1시간 정도 절인 다음 깨끗하게 씻어 건져 소쿠리에 밭쳐
물기를 빼준다.
2 약초맛물을 끓여 오곡가루를 풀어 넣고 되직하게 풀을 쑤어서 따뜻할 때
고춧가루와 간장, 산야초발효액, 다진 생강, 들뫼가루로 간을 맞춘다.
3 갓에 준비한 양념을 넣고 버무린다. 양념한 갓은 길게 잡아 동그랗게
또아리를 틀어 항아리에 담는다. 이때 콜라비를 반으로 갈라 중간 중간에
넣는다.

## 동치미

••• 동치미 무 15개, 청갓 2kg, 다진 생강 3~4큰술, 삭힌 고추 30개 정도,
굵은 천일염 2컵

**소금물》** 물 12ℓ, 구운소금 2컵

1 동치미 무를 깨끗하게 씻은 다음 넓은 양푼에 소금을 고루 펴 무를 굴린다.
1시간마다 한 번씩 5~6번 굴려주어 소금이 녹고 무가 약간 말랑해진 느낌이
들도록 둔다.
2 청갓은 깨끗이 씻어 준비하고, 다진 생강은 베보자기에 싼 다음 실로
묶어둔다.
3 항아리 바닥에 청갓을 놓고 그 위에 절인 무를 담는다. 무 사이사이에
베보자기에 싼 생강을 끼운 후 삭힌 고추를 얹고 소금물을 붓는다.

✚ 동치미에 여러 가지 부재료(배, 유자 등)를 넣어도 되지만 무와 갓, 삭힌 고추만으로
발효하면 시원하고 깔끔하다.

 →

## 장김치

••• 배추 10포기, 콜라비 5개, 굵은 천일염 10컵

**장국물**》 집간장·원당·현미식초 12컵씩, 들뫼가루 3큰술

1 배추는 4조각으로 쪼개어서 소금을 뿌리고 3~4시간 절였다가 씻어서 건져둔다.
콜라비는 껍질째 반으로 쪼개둔다.

2 준비한 배추와 콜라비를 항아리에 담고 간장과 원당, 식초, 들뫼가루를 섞어 끓여서
뜨거울 때 붓는다.

3 2~3일 지난 후 배추와 콜라비를 건져내고 남은 장국물을 다시 끓여서 식힌 다음
배추와 콜라비에 부어서 저장한다.

✚ 겨자가루를 2~3큰술 정도 넣어주면 톡 쏘는 독특한 맛을 즐길 수 있는데 양은 식성에 따라서
가감한다. 겨자가루를 넣으면 매콤하고 톡 쏘는 맛이 좋다. 생협에서 판매되는 양조 현미식초는
맛이 부드럽고 새콤해서 장김치에 잘 어울린다.

✚✚ 김치를 담은 뒤 하루 정도 지나면 삼투압 작용으로 채소에서 물이 빠져 나와 장국물이
싱거워지므로 처음에 담글 때는 재료의 2/3정도만 잠기도록 장국물을 준비한다. 이때 남은
장국물은 샐러드드레싱이나 비빔국수 양념장으로 활용할 수 있다. p.125 장소스냉국수 참고.

250

## 백김치

••• 배추 5포기, 무 1개, 노랑·주황 파프리카 1개씩, 미나리·청갓 500g씩, 배 3~4개, 굵은 천일염 8컵
**양념**} 약초맛물 4ℓ, 오곡가루 1.2kg, 집간장 1컵, 산야초발효액 1컵, 다진 생강 3큰술, 들뫼가루 2큰술

1 배추를 반으로 쪼개 물에 담갔다가 건져서 소금을 배추줄기 속에 켜켜이 뿌려 절인다. 1시간마다
뒤적여주어 5~6시간 정도 고루 절인 다음 씻어 건져 소쿠리에 밭쳐 물기를 뺀다.

2 무는 7~8cm 길이로 채썰고 파프리카는 반으로 잘라서 곱게 채썬다. 미나리와 갓은 3cm 길이로 썰고
배는 껍질째 반으로 쪼갠다.

3 약초맛물을 끓여 오곡가루를 풀어 넣고 되직하게 풀을 쑤어서 식힌 다음 간장과 산야초발효액, 다진
생강, 들뫼가루를 넣어 잘 섞는다.

4 양념을 2ℓ 정도 떠서 무, 파프리카, 미나리, 갓에 넣고 버무려 양념소를 준비한다.

5 씻어 건져둔 배추에 준비한 양념소를 배춧잎 사이사이에 넣고 겉잎으로 잘 감싸 항아리에 담은 후 남은
양념을 붓는다.

# 약초맛물, 갓, 생강으로 맛을 낸다
# 문성희식 김장 김치 담그기

## 재료 고르기

**배추** 겉잎은 녹색이 짙고 속은 연두 빛이 나며 크기도 중간 정도가 맛있다. 배춧잎에 촉촉한 느낌이 있고 들어 보아서 적당한 무게감이 있으며, 줄기가 너무 얇거나 두껍지 않아야 한다. 뿌리에 흙이 마르지 않은 상태로 묻어 있는 게 싱싱하다. 색이 짙을수록 항산화물질과 섬유질이 풍부하다.

**무** 한손에 얹어질 정도로 너무 크지 않고, 수분이 마르지 않은 무청이 달려 있는 게 좋다. 무 뿌리에 잔가지가 많지 않으며 오동통하고 단단한 느낌이 드는 것, 아랫부분은 희고 윗부분은 녹색이 선명한 것이 달고 맛있다. 무에 상처가 없으며 촉촉한 흙이 묻어 있는 것이 싱싱하다.

**갓** 푸른 갓과 붉은 갓 두 종류의 갓이 있는데 푸른 갓은 약간의 매운맛과 깨끗하고 담백한 맛을 지니고 붉은 갓은 매운 맛과 달착지근하며 고소한 맛이 강하다. 백김치나 동치미에는 푸른 갓이 좋고 통배추김치에는 붉은 갓이 쓰인다. 갓의 잎이 싱싱하고 빛이 선명하며, 뿌리가 말라 있지 않은 것으로 선택한다.

**생강** 노랗고 윤기 나며 탱글탱글해 보이면서 너무 크지 않은 것이 좋다.

## 절이기

절임용 소금은 반드시 천일염이어야 한다. 여름철에 작업한 하지소금이 좋고 간수를 빼서 손으로 쥐어 보았을 때 보송보송한 것이 좋다. 중간크기(약 3kg)의 배추를 절이려면 약 2컵 정도의 소금을 배추 사이사이에 고르게 뿌려주어야 하고, 소금물에 절일 때는 염도 3% 정도의 바닷물 염도로 맞춰서 배추를 절이는 게 좋다. 배추를 절이는 시간은 6시간에서 8시간을 넘지 않아야 맛있게 절여진다.

## 씻기

배추를 너무 많이 오래 씻으면 맛이 유실되기 때문에 흐르는 물에서 세 차례 정도 재빨리 씻어 건지는 게 좋다. 깨끗이 씻어서 소쿠리에 담아 물기를 빼는데 배추의 수분이 너무 많이 빠지면 김치의 시원하고 아삭한 맛이 덜하다.

## 양념하기

**약초맛물과 들뫼가루(약초가루)**
약초맛물과 김치의 저장성을 높여주는 들뫼가루(구기자, 오가피, 감초 등을 배합해 가루낸 것)가 김치양념의 주재료다.
**오곡가루** 현미찹쌀, 찰보리, 차수수, 기장, 차조 등을 물에 불려서 빻은 오곡가루를 풀을 쑬 때 넣는다.

**약초발효액과 향신채소**
집에서 담은 집간장과 산야초 발효액을 양념에 넣고 파, 마늘 대신 생강과 갓으로 맛을 낸다.
**파프리카와 콜라비**
양념소에 파프리카를 채썰어 넣고, 장김치나 통배추김치를 항아리에 담을 때 콜라비를 반으로 쪼개 함께 넣는다.

살림음식으로
차린
12월 밥상

내 몸 살리는 열두 번째 이야기

# 겨울내 먹을거리 넉넉하니
# 촌살림이 부자네

## 자연에 몸과 마음을 맡기고 산다는 것

"눈이 내리네, 또 눈이 내리네…."
눈 쌓인 미루마을은 적막강산입니다. 첫눈이 내리는 날 옆집 강아지 자옥이는 태어나서 처음 보는 눈이 신기한지
펄쩍펄쩍 뛰어다니며 새하얀 눈 위에 발자국을 남기더니 계속 쌓이는 눈에 이젠 흥미를 잃었나 봐요. 며칠째
개집에 틀어박혀 꼼짝을 안하네요.
지구의 남반부에서는 비가 너무 많이 온다든가 예상치 못한 폭염 때문에 살기 힘들다 하고, 그 반대편
모스크바에선 폭설이 쌓이고 기온이 영하 40도를 오르내린다는데 필리핀에선 난데없는 겨울태풍 피해에 수많은
이재민이 생겼다고 하니 아무래도 지구 곳곳에서 몸살을 앓고 있는가 봅니다. 지난여름에 그린란드 빙하가 70%
이상 녹아내려서 기상 이변이 올 거라는 경고를 환경과학 전문가들이 발표했지요. 이 상태를 '북반구 냉장고에
전기가 나간 상황'이라고 하는군요. 지구상에 인류가 나타난 이래 20만 년 동안 어느 누구도 빙하가 사라진다는
생각은 하지 않았을 겁니다.

눈이 계속 쌓여서 집안에만 갇혀 있는 동안 '나무로 불을 지필 수 있도록 난로를 장만해야겠네' '전기가 끊기면
보일러도 돌지 않을 테고, 더운 물도 쓸 수 없을 것이며 전기쿡탑도 작동하지 않을 테니 비상용 가스버너라도
준비해 두어야겠다'는 생각이 자꾸 드네요.
날씨가 이래서 채소 값이 폭등했다는 뉴스를 들으면서 우리 '촌살림사람'들은 쌀 있고 된장, 간장
넉넉히 담가두었으며 콤콤한 냄새는 나지만 잘 띄운 청국장도 있고 지난달에 종류별로 담근
김장 김치도 넉넉하고, 삶아서 말린 시래기와 농사지어 거두어둔 콩, 고구마, 감자 등이
창고에 있으니 부자인 셈이네요. 가을 햇살에 가슬가슬하도록 말려서 가루 낸 곡물가루도

듬뿍 있으니 농촌 살림이 도시보다는
낫다는 생각을 해 봅니다. 채소 값이
아무리 비싸다고 해도 고기 값에 비하면 먹고
살 만하다고 여겨지거든요.

기상 이변이 잦은 걸 보면서 '아무래도
자급자족할 수 있는 훈련을 잘
해야겠다'는 생각이 듭니다. 좀
적게 먹고 적게 쓰는 연습도 도움이
될 거고, 문명에 기대는 의존성을
줄이고 거친 자연에 몸을 적응시키는
훈련도 필요한 것 같아요. 짱짱하게
얼음이 얼어붙는 날에 가슴을 펴고 성큼성큼
걸어 보세요. 거친 자연에 적응이 되면 손이 시리고,
발가락이 떨어져나갈 것 같고 코끝도 빨개지지만 "아이,
추워!"라고 웅크리지는 않거든요.
영하의 냉기와 맞닥들이다 보면 가슴속까지 스미는 시원한 느낌이
웅크리고 앉아서 두려워할 때 하고는 다르답니다. 외부 조건이나
편안함에 휘둘리지 않는다는 건 삶을 버텨주는 몸과 마음이 튼튼하다는
증거입니다. 이렇게 자연에 몸과 마음을 맡기고 사노라면 산다는 것은
재밌는 일이고 인생은 살아 볼 만한 가치가 있는 걸 느낍니다.

# 자연은 신뢰하는 만큼 큰 혜택을 안겨 줍니다

널리 알려진 곳은 사람들이 바글바글 대서 자연의 품에 기대어 보려고 왔다가
실망만 하고 가는 일이 많지만, 알려지지 않은 우리나라 산천 곳곳에는 아름다운
데가 많아요. 사람에 의지하는 마음보다 자연을 신뢰하는 마음이 더 크다면
마음 편하게 살 수 있는 곳이 정말 많거든요. 자연은 신뢰하는 것만큼 몇 배
부풀려서 반드시 혜택을 되돌려줍니다.

하얀 눈 쌓인 나무와 들과 산을 맘껏 본다는 걸 도시에서는 꿈도 못꾸어요.
도시에서의 삶은 자신도 모르게 계절감을 잃어서 몸이 점점 시름시름해지지요.
강한 햇빛, 세찬 바람, 차가운 공기에 온몸을 맡기고 서서 배꼽 아래까지 깊이

드나들도록 숨을 쉬노라면 뼈 속으로 내리꽂히는 듯한 뜨거운 햇살이
몸 속 노폐물을 녹이는 듯 하고 온몸의 성긴 세포 구멍 사이로 넘나들며
더러움을 씻어주는 바람과, 생기로 채워 주는 공기가 달콤하고 맛있다는
걸 알게 됩니다. 이 맛을 제대로 느낄 때 내 몸의 세포와 근육이 때로는
뻣뻣해지고 때로는 노곤해지면서 신성한 에너지로 가득해지는 반응을
하지요.

눈이 쌓여서 집 안에 갇혀 있다가 나와서 데크에 쌓인 눈을 빗자루로
쓰는 동안 금세 땀이 날 정도로 몸이 훈훈해졌어요. 몸과 정신의 근육은
사용할수록 강인해진다는 말이 맞는 것 같네요. 밖에 나와서 비질을
하다 보니 내친 김에 흐트러진 창고도 정리하고, 뒷마당의
장독대도 들여다봅니다. 몇날 며칠 내려 쌓인 항아리 뚜껑의
눈을 훑으니 밀크쉐이크의 얼음조각 같은 눈이 시원스레
쓸려내립니다.

부산에 살 때는 어쩌다가 눈이 내리는 날은 온 도시가 들썩일 만큼
반가운 겨울손님이었는데 쌓이기도 전에 녹아내려 눈 구경하기가 하늘의
별따기였어요. 속리산 자락 군자봉 아랫마을 장독대에는 눈이 수북이
쌓이는 건 말할 것도 없고 항아리 뚜껑이 얼어붙어 열리지도 않네요.
김치도 동치미도 얼어붙어서 냉동 보관한 김치처럼 되어버려서 아무래도
질겨진 김치를 먹어야 될 것 같아요.
눈 덮인 마당의 순결을 깨뜨리고 싶지 않아서 그동안 건드리지 않으려
조심했는데 오늘은 맘껏 돌아다녀 봅니다.

눈 쌓인 미루마을은
적막강산입니다.
우리나라 산천 곳곳에
숨어 있는 자연마을을
찾아 그 품에 마음
놓고 안겨 보세요.

# 송년모임을 위한 자연식 상차림

두부묵과일구이

오미자리큐르

귀리잣수프

시금치볶음국수

약과

통밀카나페샌드위치

사과어린잎샐러드

세모의 저녁은 이런저런 모임으로 채워질 때가 많습니다. 하루가
24시간이고, 어김없이 아침이 찾아오는 건 늘상 같은 일인데도
저무는 해와 새로 맞는 해의 시간을 함께 나누고 싶은 사람들이
있지요. 이럴 때는 세레모니가 있는 밥상을 차리고 싶어집니다.
편안하고 차분한 모임의 무드를 살리는 데는 최고급 아로마 향을
지닌 밀랍초가 빠질 수 없고요. 목이 기다란 와인글라스에 가득
채운 색이 고운 **오미자리큐르**도 한몫 거들어요. 오미자에 유기농
설탕시럽을 끓여 부어 여러 해 동안 숙성시킨 오미자발효액에
생수를 타서 리큐르 대신 특별한 날을 위한 음료로 준비하는데
맛과 향과 분위기가 딱 리큐르예요. '자연식, 채식으로 차리는
밥상도 이렇게 무드가 있네!'싶을 만큼 멋을 부려보는 거죠.
"그렇다고 맛이 없나?" 그게 아니거든요.
고소한 콩 맛이 그대로 살아있는 한살림 **두부와 도토리묵**,
**메밀묵**을 구워서 **들깨소스**를 곁들인다는 생각을 해 본 적이 없는
사람들은 단순하고 소박하기 이를 데 없는 이 음식을 먹으면서
놀랍니다. 여기에 겨울과일인 **사과와 배를 곁들여 구워내면**
리큐르와 아주 잘 어울려요. **귀리와 잣**으로 쑨 따뜻한 **수프**는
몸을 풀어주고, 생강, 계피, 후춧가루를 넣은 향긋한 **약과**는 약이
되는 디저트가 돼요. 흔하디 흔한 시금치, 당근, 버섯과 함께 노란
치자물로 반죽한 **볶음국수**도 연말모임 상차림에 잘 어울리는
식사예요. 유자청드레싱을 얹은 **사과어린잎샐러드**와
새송이버섯과 구운 사과, 꿀과 식초를 넣은 와사비소스가 잘
어울리는 **카나페샌드위치**. 이렇게 몇 가지만 준비해도 멋지고
근사한 연말모임 상차림이 됩니다.

두부, 도토리묵, 메밀묵을 구워
들깨소스를 곁들여보세요. 단순하고
소박하지만 담백한 맛과 멋스러운 담김이
눈길을 끕니다. 여기에 사과, 배를 곁들여
구워내면 리큐르와 아주 잘 어울려요.

### 두부묵과일구이

••• 두부·도토리묵·청포묵 1/2모씩, 배 1/4개, 사과 1/2개, 현미유 2큰술
**들깨소스**〉 생들깨 5큰술, 생들기름 3큰술, 구운소금 1작은술

1 두부와 묵은 1cm 두께로 썰고, 배와 사과는 반달모양으로 12등분한다.
2 배와 사과는 팬에 기름을 두르지 않고 굽고, 두부와 묵은 현미유를 두르고
노릇하게 굽는다.
3 접시에 구운 두부와 묵, 배, 사과를 가지런히 놓고 들깨소스를 끼얹는다.

### 통밀카나페샌드위치

••• 통밀식빵 2장, 사과 1개, 양상추 2장, 새송이버섯 1개, 집간장·원당 2큰술씩
**생와사비소스}** 생와사비 1/2큰술, 꿀 1큰술, 현미식초 2큰술, 구운소금 1작은술

1 통밀식빵은 살짝 구워 네 조각으로 썰고, 사과는 0.5cm 두께로 썰어서
반달모양으로 준비한다. 양상추는 빵과 같은 크기로 썰고, 새송이버섯은 반으로
잘라서 사과와 같은 두께로 썬다.
2 새송이버섯을 간장, 원당으로 밑간한 다음 사과와 함께 달궈진 팬에 굽는다.
3 구운 식빵에 생와사비소스를 바르고 양상추, 사과, 새송이버섯 순으로 올린다.

### 사과어린잎샐러드

••• 사과 1개, 어린잎채소 한 줌, 호두 2알, 유자청 1큰술
**사과드레싱}** 사과 작은 것 1개, 현미식초 2~3큰술, 꿀 2큰술, 구운소금 2작은술

1 사과는 1cm 두께로 둥글게 썰고 어린잎채소는 가볍게 씻어 건져둔다. 호두는
2~3조각으로 쪼갠다.
2 드레싱용 사과는 씨를 발라내고 잘게 썰어 식초와 함께 믹서에 간 다음 꿀과
소금을 섞어 드레싱을 만든다.
3 둥글게 썬 사과를 네 조각으로 칼금을 넣고 그 위에 어린잎채소, 호두, 유자청을
올린 후 드레싱을 끼얹는다.

연말모임 상차림에 가벼운 한 끼가
되는 볶음국수예요. 오색국수의
색감과 채소의 어우러짐이 보기도
좋고 맛도 좋아요.

### 시금치볶음국수

●●● 오색국수 2줌, 시금치 2줌, 당근 2/3개, 새송이버섯 1개, 구운소금 1/2큰술,
통후춧가루 2작은술, 올리브유 2큰술

1 오색국수는 삶아 건진 다음 찬물에 헹궈 물기를 뺀다. 시금치는 다듬어서
씻고, 당근은 3cm 길이로 얇게 어슷 썬다. 새송이버섯은 3cm 길이로 채썬다.
2 달궈진 팬에 기름을 두르지 않고 시금치와 당근, 새송이버섯을 볶다가
소금으로 간한다.
3 소금으로 간해 볶은 채소에 올리브유를 두르고 국수를 넣어 재빨리 볶는다.
4 그릇에 완성된 볶음국수를 둥글게 말아 놓고 통후춧가루를 뿌린다.

오미자리큐르

**오미자리큐르**

오미자발효액 1컵과 물 3컵을 잘 섞는다.

*오미자발효액 만드는 법은 p.113에 있습니다.

## 귀리잣수프

••• 불린 귀리 1컵, 잣 수북이 2큰술, 구운소금 1/2큰술, 물 4컵

1 불린 귀리는 분쇄기에 곱게 갈고 잣은 고깔을 뗀 후 씻어서 칼로 다진다.

2 냄비에 갈아둔 귀리를 넣고 물을 부어 나무주걱으로 저어가며 끓인다. 처음엔 센 불로 시작해 끓기 시작하면 중불에서 끓인다.

3 수프가 어우러지면 다져둔 잣을 넣고 소금으로 간한다.

## 약과

••• 통밀가루 2컵, 참기름 2큰술, 다진 생강 2큰술, 계피가루 1큰술, 후춧가루 1작은술, 꿀 8큰술, 현미유 2컵

**집청꿀**〉 꿀 1/2컵, 다진 생강 2큰술, 구운소금 2작은술

1 통밀가루에 참기름을 넣고 골고루 비벼서 고운체에 두 번 정도 내린 다음 다진 생강, 계피가루, 후춧가루, 꿀을 넣고 살살 뭉쳐가며 반죽한다. 이때 반죽을 치대면 약과가 딱딱하고 질겨지므로 주의한다.

2 반죽을 젖은 행주로 덮어 30분간 숙성시킨 다음 나무방망이로 0.2cm 두께로 밀고 다시 접어 밀기를 3~4번 반복한다.

3 반죽을 1cm 두께 4~5cm 길이의 정사각형으로 썰어서 네 모서리를 살짝 밀이 넣어 모양을 잡은 다늠 포크로 구멍을 내어 120℃ 기름에서 튀긴다.

4 집청꿀 재료를 한데 섞어서 뜨거운 물에 중탕한 후 꿀이 나른해지면 튀긴 약과를 넣어 골고루 묻힌다.

✛ 약과는 기름에 반죽한 거라 튀김 온도가 높으면 쉬 탄다.

무청국밥

콩나물김치국밥

감자브로콜리조림

메주콩조림

# 추위를 이기는 뜨거운 국밥밥상

채소육개장

시뻘겋게 타오르는 장작불 위에서 뜨거운 김을 풍풍 쏟아내는 커다란 가마솥은 보기만 해도 몸이 뜨뜻해져요.
얼어붙은 입안에 군침이 돌 만큼 구수한 냄새를 사방에 풍기는 시골 장터국밥은 언제나 추억의 겨울철 별미
음식입니다. 산나물과 표고버섯을 넣고 끓인 **채소육개장**은 장터국밥의 맛을 고스란히 느끼게 해줘요. 멸치국물보다
더 좋은 약초맛물에 국을 끓이는데 온몸을 덥혀 주는 약초성분 때문에 한 숟갈 삼키자마자 바로 등줄기를 따뜻하게
녹여주는 온기를 느끼게 되지요. 우리나라 약성식물 성분의 힘은 놀라울 정도로 효능이 있어요. 먹으면서 콧등에
땀이 송송 돋네요. 약초맛물에 무를 넣고 푹 끓인 **무청국밥**도 겨우내 먹어도 질리지 않는 겨울음식입니다.

### 채소육개장

••• 말린 고사리·취나물·토란대 한 줌씩, 숙주 3줌, 생표고버섯 7~8개, 오곡가루 2/3컵, 집간장 6큰술, 고추기름 2~3큰술, 약초맛물 3.5ℓ

1 말린 고사리와 취나물, 토란대는 2시간 정도 물에 불린 다음 불린 물 그대로 불에 올려 삶는다. 삶은 나물들을 7cm 길이로 썬다.

2 숙주는 끓는 물에 데치고 생표고버섯은 얇게 썬다.

3 준비한 재료에 오곡가루, 간장, 고추기름을 넣고 잘 버무려서 맛이 충분히 배면 약초맛물을 부어 끓인다.

### 콩나물김치국밥

••• 잡곡밥 4그릇, 콩나물 4줌, 배추김치 2~3줄기, 느타리버섯 2줌,
구운소금 1/2큰술, 참기름 1작은술, 약초맛물 8컵

1 콩나물은 다듬어 씻고 배추김치는 5cm 길이로 가늘게 썬다. 느타리버섯은
가늘게 찢어둔다.
2 냄비에 준비한 재료를 넣고 약초맛물을 부어 끓이다가 콩나물이 익으면
소금으로 간을 맞춘다.
3 그릇에 밥을 담고 콩나물김칫국을 부은 다음 참기름을 한 방울 떨어뜨린다.

### 무청국밥

••• 잡곡밥 4그릇, 무 1/3개, 무청 6줄기, 새송이버섯 2개, 구기자 2큰술,
집간장 4큰술, 생들기름 2작은술, 약초맛물 8컵

1 무는 크지 않게 어슷하게 썰고 무청은 3cm 길이로 썬다. 새송이버섯은
반으로 쪼개서 다시 길이를 2등분해 얇게 썬다.
2 냄비에 무, 무청, 새송이버섯, 구기자를 넣고 약초맛물을 부어 끓이다가
재료가 익으면 간장으로 간하여 푹 끓인다.
3 그릇에 밥을 담고 무청국을 부은 후 생들기름을 한 방울 떨어뜨린다.

약초맛물로 끓인 국밥에 곁들임 반찬으로 제격인 조림이에요. 조림은 뚜껑을 열어 놓고 국물을 끼얹어가며 졸여야 맛도 깊이 배고 윤기도 돌아요.

### 감자브로콜리조림

••• 감자 중간크기 2개, 브로콜리 1/2개, 당근 중간크기 1개, 구운소금 1큰술, 원당 3큰술, 감자전분 수북이 1큰술과 동량의 물, 물 4컵

1 감자와 브로콜리는 사방 1cm 크기로 썰고, 당근은 0.2cm 두께로 동글썰기 한다.
2 냄비에 준비한 감자, 브로콜리, 당근을 넣고 물을 부어 한소끔 끓인 다음 소금과 원당을 넣고 국물이 반 정도 남을 때까지 졸인다.
3 감자전분을 동량의 물에 풀어서 졸인 채소에 넣고 약불에서 조금 더 졸인다.

### 메주콩조림

••• 메주콩 1컵, 집간장 3큰술, 원당 수북이 1~2큰술, 조청 1/2컵, 물 4컵

1 메주콩에 물을 붓고 무르도록 삶는다.
2 메주콩이 푹 익으면 간장과 원당을 넣고 센 불에서 졸이다가 간이 배면 불을 낮추어서 서서히 졸인다.
3 윤기가 나기 시작하면 조청을 넣고 4~5분 정도 더 졸여 완성한다.

✚ 조림은 뚜껑을 열어 놓고 국물을 끼얹어가며 졸여야 빛깔도 좋고 맛도 깊다.

동지팥죽

단팥죽

통밀팥찐빵

겨울철 건강을 지켜주는
**동지팥죽과 오방죽**

팥을 삶아 으깬 다음 앙금을 가라앉혀서 죽을 쑤려니 일거리가 너무 많아져서 좋아하는 팥죽 쑤기가 망설여져요.
그래서 팥을 푹 삶아 으깨어 놓고, 따로 묽은 흰죽을 쑨 다음 미리 삶아서 으깨어 둔 팥을 붓고 한 번 더 끓이면서
뜸을 들이니 쉬우면서도 간단하게 맛있는 팥죽이 뚝딱 만들어졌어요. 더구나 팥의 껍질에 많이 들어 있는 사포닌의
약성을 제대로 얻으려면 껍질째 먹는 게 좋아요. 사포닌은 노폐물을 씻어내고 이뇨를 도와주거든요.
추운 겨울엔 따뜻한 죽 한 그릇이 추위를 달래주기에 좋은 음식인데 흑미, 백미, 녹두, 대추, 치자물에 쑨 귀리죽,
이렇게 다섯 가지 오방색으로 검정(水), 하양(金), 파랑이나 초록(木), 붉음(火), 노랑(土)의 기운을 고루 담아 먹는
지혜도 겨울철 건강을 지키는데 도움이 됩니다.

### 동지팥죽

••• 불린 팥 2컵, 불린 오분도미 1컵,
구운소금 1큰술, 물 14컵

1 하룻밤 불린 팥에 물 7컵을 붓고 푹 삶은 후
방망이로 잘 으깬다. 불린 오분도미는 남은 물 7컵을
붓고 묽은 죽을 쑨다.
2 쌀알이 퍼지면 으깬 팥을 넣고 잘 저어가며 끓인 후
소금으로 간한다.

### 단팥죽

••• 불린 팥 2컵, 밤 4~5개, 조청 수북이 5큰술,
감자전분 3큰술과 동량의 물, 잣 1큰술,
계피가루 2작은술, 물 10컵

1 하룻밤 불린 팥은 푹 삶아 방망이로 으깨고 밤은
속껍질을 반 정도 벗긴 다음 사방 1cm 크기로 썬다.
2 냄비에 으깬 팥과 밤을 넣고 나무주걱으로 저어가며
끓이다가 조청과 동량의 물에 푼 감자전분을 넣고
걸쭉해질 때까지 끓인다.
3 그릇에 단팥죽을 담고 잣과 계피가루를 뿌린다.

### 통밀팥진빵

••• 통밀가루 2컵, 원당 1큰술, 구운소금 2작은술,
드라이이스트 1작은술, *팥앙금 15~20큰술, 미지근한 물 2/3컵

1 미지근한 물 1/3컵에 이스트를 녹이고, 나머지 물에 원당과 소금을 녹인다.
2 통밀가루에 원당과 소금 녹인 물을 붓고 고루 반죽한 다음 이스트 녹인 물을 넣고
한 번 더 반죽한다.
3 반죽을 따뜻한 곳에서 2시간 정도 발효시킨 후 10등분을 하여 동글납작하게
빚고 팥앙금 1~2큰술씩을 넣어 동그랗게 빚는다.
4 김 오르는 찜솥에 팥빵을 넣고 15분 정도 찐다.

✚ 팥앙금 만들기 팥 1컵, 원당 1/2컵, 구운소금 1/2큰술, 물 3컵을 준비한다. 팥은 하룻밤 불린
후 푹 무르도록 삶아 으깬 다음 원당과 소금, 물을 넣고 나무주걱으로 저어가며 졸여서 식힌다.

 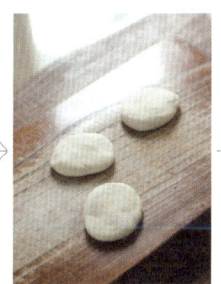 

### 오방죽

**흑미죽** ••• 불린 흑미 2컵, 쌀뜨물 10컵
불린 흑미는 곱게 갈아서 받아둔 쌀뜨물을 붓고 끓인다.

**귀리죽** ••• 불린 귀리 1과1/2컵, 불린 오분도미 1/2컵,
치자 열매 4~5개, 물 10컵
불린 귀리는 곱게 갈고 불린 오분도미는 절구에 빻는다.
치자 열매는 반으로 쪼갠 다음 물에 담가 1시간 정도
우린다. 냄비에 귀리와 오분도미를 담고 치자 우린 물을
부어 나무주걱으로 저어가며 끓인다.

**대추죽** ••• 불린 찹쌀 1컵, 불린 현미 1/2컵, 차수수 1/2컵,
대추 20개, 호두 3~4알, 쌀뜨물 10컵
불린 찹쌀은 절구에 빻고, 불린 현미와 차수수는 간다.
대추는 씨를 뺀 다음 물을 조금 부어서 갈고 호두는
곱게 다진다. 준비한 곡물과 대추에 쌀뜨물을 부어
나무주걱으로 잘 저어가며 끓인다. 죽이 끓어오르면 불을
낮추어서 뜸을 충분히 들인 후 다진 호두를 넣고 불을 끈다.

**흰죽** ••• 불린 백미 2컵, 쌀뜨물 10컵
불린 쌀을 절구에 빻아 쌀뜨물을 부어 끓인다. 처음엔
센 불에서 끓이다가 뽀얀 물이 생기기 시작하면 불을
낮추어서 푹 끓인다.

**녹두죽** ••• 불린 녹두 2컵, 불린 오분도미 1컵, 구운소금
1큰술, 물 14컵
불린 녹두에 물 7컵을 붓고 푹 익힌 다음 나무주걱이나
방망이로 으깬다. 불린 오분도미는 남은 물 7컵을 붓고 퍼질
때까지 끓인다. 쌀알이 퍼지면 으깬 녹두를 넣고 저어가며
끓이다가 죽이 어우러지면 소금을 넣고 고루 섞는다.

흑미죽

귀리죽

대추죽

흰죽

녹두죽

# 책을 마무리하며

눈이 아무리 많이 내려도 도시에서는 아스팔트에 구멍이
뚫어지도록 염화칼슘을 뿌려대는지라 하얗게 쌓인 눈 구경하기가
어렵지만, 산골에는 눈이 내려 쌓이기 시작하면 날씨가 따뜻해져서
저절로 녹을 때까지 속수무책으로 갇혀 있기 일쑤입니다. 올겨울은
강추위가 계속 되어 한 달이 넘도록 쌓인 눈이 발목을 잡고 있어요.
태어나서 이만큼 하릴없이 어슬렁댄 적이 있을까 싶을 만큼
집 안에서 서성이고 있네요.

이제 드디어 길고 긴 여정이 마무리 되었습니다. 그래서인지
듬뿍 내려 쌓인 눈 때문에 꼼짝을 못해도 마음은 가볍고 괜시리
이리저리 기웃거리면서 널널해진 시간을 마냥 즐기고 있네요.
돌아보니 어느새 한 해가 쏜살같이 지나갔고 작년 1월,
첫 촬영 때만 해도 일 년 넘는 머나먼 여정이 아득하게만 여겨져서
모든 스텝들이 "언제 다하지?" 했는데 "시간은 늘 앞으로만 갑니다.
뒤돌아보지 않습니다. 시간으로부터 배우세요."라고 하던 쟝키 할머니
말씀이 새롭게 다가오네요.
〈쉽게 만드는 자연식 밥상〉은 자연음식을 담고 귀농의 생활 단상이
꽃피어 나는 작업이어서 촬영 내내 즐거웠고, 계절이 주는 신선한
자연의 맛을 깊이 누리는 멋진 시간들이었어요. 편안하면서도 감각적인
그림을 만드는데 차분하고 따뜻한 마음을 가진 푸드스타일리스트
문 실장의 도움이 컸습니다.
지난 한 해 동안 마치 가족 모임을 가지듯이 기쁘고 즐거운 마음으로
촬영을 했고, 촬영하는 동안 음식 맛을 보일 때마다 "와! 정말
맛있어요" 탄성을 자아내면 "그렇죠? 그러면 그 느낌을 사진에 담아
주세요" 하면서 함께 놀이하듯 일했습니다. 비록 사진에 담긴 향과
맛이지만 이 음식들에 담긴 정성과 마음은 살아있을 거예요.
이 책을 보는 모든 분들께 이 음식들의 힐링 파동을 드리고 싶습니다.

－옴 샨티! 우리는 평화로운 존재입니다－

index

## 가

가지고지무침 223
가지꽈리고추애호박찜 122
가지냉국 134
가지무침 134
가지오이밥상 132
가지장김치 133
가지지 133
가지치즈구이 140
감자된장부침 049
감자막장찌개 159
감자메밀팬케이크 163
감자브로콜리조림 267
감자양배추허브볶음 171
감자잡곡밥 159
감자채구이 160
감자채소샐러드 160
감자토마토샌드위치 161
갓김치 248
검은콩미역생강조림 197
겨자소스 만들기 201
고구마꽃물튀김 216
고구마두유샐러드 107
고구마양송이버섯볶음 234
고추가지카레볶음 141
고추기름 내는 법 033
고추우엉냉잡채 140
고추장 밥상 098
과일드레싱 225
국밥밥상 264
국수상 068
귀리잣수프 263
귀리죽 269
귤드레싱 225
기본양념들 022
김장 김치 245
김장 배추 절이기 247, 252
김장 요령 231
김장 재료 고르기 252
김치양념 231
깻잎순가지나물밥 139
깻잎순겉절이 143
깻잎순나물무침 143
깻잎순메밀전병 143
깻잎순오이무침 136
깻잎순토마토된장냉국 139
껍질 말리기 017

## 나

나물 말리기 요령 189
나물고추장비빔밥 099
나물밥상 082
냉이전 062
냉이콩가루찜무침 061
녹두죽 269
느타리버섯무국 032
늙은호박전 207

## 다

다과상차림 036
단팥죽 269
단호박밤밥 104
대보름밥 053
대추죽 269
더덕버섯탕수 103
도라지고구마조림 240
도자기소금 022
돌나물보리순겉절이 085
돌미나리고추장장아찌 118
동지팥죽 269
동치미 249
된장소스 066
된장오미자드레싱 049
된장오미자소스 과일채소비빔밥 047
된장으로 차린 밥상 045
두부구이 034
두부묵과일구이 260
두부조림 235
두부추어탕 236
두유마요네즈드레싱 160
들깨간장소스 067
들깨소스 260
들뫼가루 247, 252
들빛차 037
떡국 033
떡꼬치구이 107

## 라

레몬버베너티 183
로스매리오이피클 179
로즈매리채소구이 173
로즈마리티 183
루이보스티 183

## 마

말린 나물 저장하기 213
말린가지무침 053
말린부지깽이나물 053
말린삼나물무침 053
말린애호박무침 053
말린죽순나물 053
말린참고비나물 053
말린토란줄기나물 053
말린표고버섯장조림 223
맑은된장찌개 050
매실 154
매실간장절임 156
매실발효액 155
매실설탕절임 156
메밀가루배춧잎지짐 034
메밀수제비호두보쌈 243
메주 고르기 044
메주콩조림 267
면 요리 124
모둠버섯배추볶음 236
모둠산나물간장장아찌 119
모둠산나물고추장장아찌 118
모둠산나물된장장아찌 118
모둠채소현미쌈밥 051
무나물 035, 240
무말랭이무침 053
무버섯두부찜 195
무연근밥 239
무은행밤찜 031
무청국밥 266
묵나물 052
묵은지 별미상 090
묵은지김치찜 243
묵은지라면전골 091
묵은지콩나물국밥 091
문성희식 김장 담기 252
미나리양념현미밥 061

## 바

발효액이란 197
밤대추잡곡밥 193
방풍나물 087
배드레싱 225
비숙 037
배질셀러리스파게티 179
백김치 251

버섯 말리는 요령 016
버섯견과보양전골 102
버섯고추장장아찌 117
버섯구이 034
버섯나스터튬볶음밥 175
버섯호두잡채 219
보리수퓌레 165
보리순된장나물 087
보리순들깨된장국 084
복분자잼 165
복분자잼팥빙수 163
봄나물샤브샤브 089
봄동된장소스샐러드 066
봄동목이버섯밥 065
봄동무침 066
봄동묵들깨샐러드 067
봄동밥상 064
봄동콩가루된장국 067
봄동호두죽 065
부엌살림 018
뿌리채소밥상 238

## 사

사과드레싱 262
사과소스 089
사과어린잎샐러드 261
산나물 053
산나물 말리는 요령 016
산나물 채취 요령 076
산나물보리밥쌈 119
산야초발효액 만들기 113
산초잎수제비볶음 180
산취밥 084
산취버섯초고추장잡채 085
살림음식 025
삼색꼬마김밥 107

삼색나물 035
상수리묵된장샐러드 049
상추치커리샐러드 172
새송이버섯구이 196
새해맞이 밥상 028
생강전 196
생들기름 030
생들깨 022
생들깨가루 022
생와사비소스 261
생채소와 토마토반찬 151
석류드레싱 225
셀러리전 196
손님맞이 전골상 198
송년모임상차림 258
송이버섯미역국 218
송이버섯오방밥 218
송이적방 196
수정과 204
순무버섯다시마된장찜 048
시금치나물 035, 063
시금치된장국 051
시금치볶음국수 262
시금치치자물전 062
시금치토마토버섯잡채 063
시럽 만들기 113
쑥 밥상 077
쑥구기자밥 079
쑥굴레 080
쑥버무리 081
쑥전 078
쑥콩가루된장국 078

## 아

아스파라거스적 196
아침죽 032
아카시아메밀전병 115
아카시아발효액 115
아카시아주스 115
알타리무김치 247
애플민트양념채소밥 177
애호박고추장떡 099
애호박된장찌개 152
약과 263
약밥 053
약초맛물 만들기 046, 091
약초맛물냉이온국수 069
약초맛물봄동우동 069
약초맛물온국수 125
양념소 252
양배추머위잎쌈밥 121
양배추메밀전병 201
어린이 초대상 106
어버이날 진지상 100
연근브로콜리볶음 241
연근토란조림 217
열매 말리기 017
열무김치고추장보리밥 152
열무물김치 153
엿기름가루 037
영양밥상 232
오곡가루 037
오곡가루 고추장 담그기 099
오곡가루 만드는 법 037
오곡가루 반죽 037
오곡가루 풀 쑤기 247, 252
오곡부꾸미 037
오곡호떡 037
오디슬러시 163
오미자리큐르 263
오미자발효액 만들기 113
오미자발효액비빔국수 125
오미자화채 105
오방밥 029
오방죽 269
오색떡볶이 033
오이가지피클 131
오이고추피클 131
오이국화잎무침 197
오이미역냉국 135
오이미역무침 135

오이소박이 137
오이지 136
오이페퍼민트냉국 175
옥수수당근조림 두부스테이크 107
우메보시 157
우엉간장조림 241
우엉고추장조림 241
우엉고추조림 221
우엉채고추튀김 216
원당 022
원추리고추장무침 087
원추리버섯산적 086
유기농 설탕의 종류 113
유자청드레싱 035
유자청드레싱 참마어린잎생채 035
유채보리순강된장비빔밥 088
음식물쓰레기 활용법 095

## 자·차

자국묘방 197
자소엽버섯가지초밥 176
자소엽애호박부침개 171
자연식 026
장 담그기 044
장김치 250
장소스냉국수 125
조청 022
지렁이로 퇴비 만들기 095
집간장 022
찐 감자 161
차수수가루무지짐 034
차조설기떡 205
차조송편 192
찰수수부꾸미 105
참깨소스 089
채소고추장비빔국수 099
채소육개장 265
채소전골 200
청매 154
초가을 간식거리 206
초여름밥상 116
총적방 196
추석 상차림 190

## 카·타·파

콜라비고추장조림 237
콩나물김치국밥 266
콩나물무침 035
콩물국밥 243
텃밭 만들기 요령 021
토란줄기들깨나물 222
토란표고버섯국 194
통밀카나페샌드위치 261
통밀팥찐빵 269
통배추김치 246
통신병방 196
팥 앙금 만들기 269
페퍼민트티 183
펜넬비빔국수 181
포도드레싱 225
푸드 마일리지 092
풋고추피클 131
풍석 서유구 190

## 하

하지 감자 159
하지 감자밥상 158
햇과일샐러드 225
허브 종류 184
허브 티 183
허브밥상 167
현미식초 022
현미유 022
호박고지찜 222
호박새송이버섯꼬치구이 202
호박수프 207
호박찜 123
혼돈반방 193
홍시드레싱 225
황매 154
흑두초방 197
흑미죽 269
흰죽 269
히비스커스티 183